写给男孩的
哈佛气质课

王子鱼 著

天津出版传媒集团

天津科学技术出版社

图书在版编目（CIP）数据

写给男孩的哈佛气质课 / 王子鱼著. -- 天津：天津科学技术出版社，2022.2
　ISBN 978-7-5576-9834-8

Ⅰ.①写… Ⅱ.①王… Ⅲ.①男性－气质－通俗读物 Ⅳ.① B848.1-49

中国版本图书馆 CIP 数据核字 (2022) 第 013792 号

写给男孩的哈佛气质课
XIE GEI NANHAI DE HAFO QIZHI KE

策划编辑：杨　譞
责任编辑：杨　譞
责任印制：兰　毅

出　　版：	天津出版传媒集团
	天津科学技术出版社
地　　址：	天津市西康路 35 号
邮　　编：	300051
电　　话：	（022）23332490
网　　址：	www.tjkjcbs.com.cn
发　　行：	新华书店经销
印　　刷：	北京市松源印刷有限公司

开本 880×1 230　1/32　印张 6　字数 108 000
2022 年 2 月第 1 版第 1 次印刷
定价：46.00 元

前言
PERFACE

哈佛大学创立于 1636 年，作为世界顶尖级的一流大学，300 多年来造就了难以计数的享誉世界的杰出人才。随着"哈佛成功学""哈佛教育理论""哈佛美学""哈佛经济学"……一个又一个承载着哈佛精神的学术以系列的形式面世，越来越多的人开始追逐哈佛、学习哈佛、研究哈佛。人们从哈佛看到了成功的希望；从哈佛人身上领悟到了生命的意义；从哈佛理论中发现了一条又一条通向辉煌的捷径。随着成功者越来越多，人们发现，在成功之前，在成功的过程中，有一个重要的因素不容忽视，这一因素叫作"气质"。哈佛大学的巨大成就，关键不是因为它的规模宏大、学科众多，而在于它先进的办学理念和 300 多年沉淀下来的精神气质。

在人生的旅途中，大学只是一个短暂的历程，但哈佛让学生在这个短暂的历程中形成了特有的精神气质，教会了学生怎样做人、怎样做一个成功的人，并引领他们思考和感悟人生，为实现人生目标，取得成功做好积极而充分的准备。正如哈佛大学第 23 任校长科南特所言："大学的荣誉，不在它的校舍和人数，而在于它一代又一代人的质量。"哈佛靠什么打造了这些巨人？他们的教育中有什么深藏未露的秘密？从那些成功者身上我们不难看到，在哈佛收获的精神气质是他们获得如此成就的决定性因素，是哈佛的精神和气质始终鞭策他们向成功的顶峰攀登，是哈佛大学成功的教育理念缔造了他们辉煌的人生。

  我们作为哈佛的局外人，是否也能学习和掌握这种精神和气质，令自己得到大幅提升呢？为了广大渴望有所成就、有所作为的男孩能不进哈佛也一样练就哈佛气质，学到百年哈佛的成功智慧，我们编写了这本《写给男孩的哈佛气质课》。本书从冒险精神、自信、自主能力、理性思维、领袖气质、自控力、情商等方面，全面阐述哈佛男孩气质培养的方法和注意事项，充分诠释了哈佛大学教育理念中的精髓，并挖掘出男孩人生成长路上最有价值的成功要素，为成长中的男孩提供适合其心理需求的精神养分，铸就一个哈佛学子应有的优秀气质，并树立起明确的精英意识，学会在学习和生活中自我选择，自我塑造，为成长为社会精英打下坚实的基础。领悟哈佛精神，练就哈佛气质，你的人生将从此与众不同！

目录
CONTENTS

第一章
哈佛冒险精神：
让男孩拥有更开阔的人生视野

生命是一场冒险，绝不能退缩　/ 2
成功从尝试开始　/ 6
创新意味着生存　/ 10
直面人生的挑战　/ 15
勇敢地跨出第一步　/ 20
进取心决定人生的高度　/ 24
坚持，只是一念之间的勇气　/ 28
就算身处绝境，也要发挥最大潜力　/ 31

第二章
哈佛自信：
让男孩成为最好的自己

力量来自永恒的自信心　/ 36
不甘平庸，必须像王者一样自信　/ 40
给自己一个定位，找准人生的起点　/ 44
相信自己，你比想象中更优秀　/ 47

战胜恐惧，发现自己的潜能　/ 50
战胜自卑，你并不比别人差　/ 54
自我暗示，你可以做得更好　/ 58

第三章
哈佛自主能力：
让男孩学会独当一面

拥有远见，让你在10年后无可替代　/ 62
有主见，敢于说出你的观点　/ 66
自立自强，没有人替你成长　/ 70
明确人生方向，带着目标做事　/ 73
无论何时，勤奋都是通往成功的捷径　/ 76
把你的精力集中到一个点上　/ 79
责任，成就一个人的伟大　/ 82
敢于推开那扇虚掩的门　/ 85

第四章
哈佛理性思维：
指引男孩树立正确的成功观念

成功从来没有捷径　/ 90
正确对待他人的评价　/ 94
做一个输得起的人　/ 98
冷静是人生最好的伙伴　/ 102
思考为王：找寻思维的"幽径"　/ 106

智慧就是战斗力　/ 110

不畏人生弯路，才能收获成功　/ 113

有时候，放弃也是一种智慧　/ 117

第五章
哈佛领袖气质：
培养男孩出众的领导力

永远的第一，让优秀成为一种习惯　/ 122

哈佛毕业生"可怕"的领袖气质　/ 126

不知足——追求完美才能更优秀　/ 129

一个合格的领导，永远是团队的排头兵　/ 132

第六章
哈佛自控力：
教会男孩抵制诱惑，做自己的主人

控制自己的情绪，做情绪的主人　/ 136

管理好自己的时间　/ 142

养成井然有序的习惯　/ 146

增强自制力，不成为情绪的奴隶　/ 150

在任何情况下，都要保持冷静　/ 154

学会对诱惑说不　/ 158

第七章
哈佛高情商：
做一个会说话、懂交际的"团队人"

没有完美的个人，只有完美的团队　　/ 162

合作更能展现个人的才华　　/ 166

信任，结交挚友的黄金法则　　/ 169

学会从对方的角度考虑问题　　/ 172

会赞美的人走到哪里都受欢迎　　/ 176

学会倾听——会说的不如会听的　　/ 179

第一章
哈佛冒险精神：
让男孩拥有更开阔的人生视野

哈佛大学培养出了世界上令人瞩目的精英们，而总结这些精英所具有的特质时，不难发现，哈佛大学在教给他们专业知识的同时，也赋予了他们一种冒险精神。哈佛大学崇尚冒险精神，而冒险是创富者的乐园。

生命是一场冒险,绝不能退缩

> 如果我知道自己的极限,那么我就不可能接下《黑天鹅》,我也不可能获得奥斯卡奖,我也不可能收获爱情、婚姻和家庭。正是这种冒险精神让我实现了个人演艺生涯的一个巨大成就。
>
> ——好莱坞天才影星、哈佛大学心理学博士 娜塔莉·波特曼

多年前一部《这个杀手不太冷》改变了一个14岁女孩的一生,与国际级的大导演吕克贝松和影星让·雷诺合作,一时间引来无数羡慕嫉妒,赞誉之外更多的是不平和怀疑,一个没有任何表演经验的孩子,如何能担当得起如此重要的戏份。然而,娜塔莉硬是凭着自己那股初生牛犊不怕虎的精神,不仅完美地演绎了这个角色,而且也为自己的人生带来了转机。娜塔利多年后回到哈佛母校为毕业生做毕业演讲时说道:生命本来就是一场冒险,如果当时她知道自己几斤几两,那么她可能就不会出演这个角色。

一位美国大学生在临近毕业前对自己按部就班的生活进行了反思,这是我上大学的目的吗?我的写作梦、我的公众

服务梦都到哪里去了？最后他找到了答案——生命是一场需要完整体验的伟大冒险，而不是需要逐步完成的任务清单。

从某种程度上说，冒险是生命存在的一种常态。因为，你的生命每一天都在冒险，早上出门会不会被楼上落下的花盆砸到，骑车上班会不会被汽车撞倒，走路会不会摔倒，谁都无法预料下一秒会发生什么，因此，生命本身就是一场冒险。

很多时候，困难并不像我们想象的那么可怕，生活也不像我们抱怨的那般平庸，生命中的很多美好事物都不在"安全区"，不是人人可以轻松获得的。只有敢于冒险才会让困难退避三舍，让生活充满惊喜，甚至是奇迹。

○ 哈佛男孩教养手札

保护幼小的子女是动物的本能，人类更是如此。很多父母在教育孩子的过程中，常常抱着"平安长大""万无一失"的理念，处处设置安全壁垒，这样就难免形成过度保护。比如当幼儿对剪刀、钳子等工具感兴趣时，大人会抢先一步把这些刚刚引起孩子好奇心的事物藏起来。因此，与其说孩子缺少冒险精神，不如说家长更缺乏一些冒险精神。

人都有趋利避害的本能，即使是不谙世事的幼儿，好玩的东西会一直想要玩，而伤害过自己的东西，可能碰都不愿再碰，甚至一见到就哭。看看那些一走进医院门口，一看到穿白大褂就哭的孩子，这个道理就不言而喻了。

而好奇心如同弹簧，越是压制反弹就越严重。一味地回避、杜绝，只会让孩子对危险更加好奇，渴望靠近。如果他在大人的看护下尝试把玩剪刀等"危险物品"，并受到"适度伤害"，那么他便从此对其敬而远之；如果他从不知道危险在哪里，一旦他在大人疏忽的情况下任性地"偷玩"，那么受到伤害的可能性更大，后果也更严重。

聪明的父母会在理智的范围内鼓励孩子的冒险精神，在孩子小的时候鼓励他们去冒险，反而有利于孩子的成长。如果孩子能够通过冒险来取得成功，这会使孩子对自己的能力产生自信心；如果失败了，孩子还能从中学会如何面对失败、应对挫折。

需要特别说明的是，我们这里指的冒险是指"合理的风险"，而不是一种"蛮勇"。

我们举一个父亲帮助孩子合理冒险的例子来理解一下：

孩子想要爬上一棵很高的树时，父亲问他："你怎么上去？"

孩子指着树说："我先爬上这个树枝，然后踩着这里再爬上那个树枝。"

父亲马上提醒说："这两个树枝距离很近，你可能被卡在那里上不能上下不能下，那么你要怎么办?"

孩子不得不马上想出几个解决方案,在确定孩子面对危险能够有准备地克服后,父亲同意他去爬树,并鼓励他说:"现在你知道该如何下手了。"

所以,到底什么才是合理的冒险呢?当然是收益大于可能的损失,而且让孩子有足够的心理准备和预备方案,学会考虑各方面的突发状况。对于比较鲁莽的孩子,可以像上面的父亲一样,通过主动提问题来帮助他对所冒的风险做出考虑。而如果是过于严谨的孩子,父母就可以去跟孩子谈一谈他们想要回避的情境,比如孩子上课不愿意举手回答问题,或者不愿意参加集体游戏等,父母可以问一问:"如果这样做,你担心发生什么事情呢?""你尝试一下,结果发现自己做得很好,你会是什么感受?""如果试都不试一下,你会是什么感受?"最后鼓励他要有点冒险精神,鼓励他去尝试。

这样引导孩子说出他们回避风险的感受,可以帮助他们认识他们是因为恐惧而不是不感兴趣而错过了好玩的事情,孩子一旦克服了恐惧,承担了风险和后果,由此家长就帮助他们培养了更多的自信心。

成功从尝试开始

> 大胆去试，只有试过才知道！对于年轻人来说，人生之路很长，总有时间去实施B计划，不要一开始就急着退而求其次。
>
> ——哈佛大学校长 福斯特

哈佛校长福斯特为某届毕业生做告别演讲时说：年轻人在做人生选择的时候往往会陷入迷惘：希望成功，却并不知道如何定义成功，不晓得自己所追寻的究竟是传统意义上的成功，还是能让生活真正变得有意义的成功；知道鱼与熊掌无法兼顾，却并不知道自己到底想要怎样的生活；迫切地追寻幸福，却并不知道究竟什么才是幸福的秘诀……于是，做选择时常常畏首畏尾，不敢尝试。

在美国的小学课堂里，学生们画完画，拿到了老师面前，问："像不像？"老师对这个问题回以微笑，然后纠正孩子说："不要问像不像，要问你画得好不好。"老师之所以会纠正了这三个字，是因为"像不像"是从模仿别人的角度出发，"好不好"是从自己创造的角度出发。美国的教育是鼓励孩子去挑战，去尝试，不存在范本，更没有什么模仿对象，让孩子去完成自己的"创作"。从而培养了孩子们充满创造性和活力的思维，日后才可能成为开放性和创造性人才。

人生中，会有很多机会看上去不可能实现，于是很多人便"识趣"地放弃了。反而是那些"不知天高地厚"，总想要试试看的人，能够"意外"地抓住了机会。

○ **哈佛男孩教养手札**

美国的学生进入中学后，在历史课堂上，老师会问出"托马斯·杰斐逊起草的《独立宣言》有哪些局限"这样的问题。这样的课题对于中学生似乎显得有些过于庞大了，然而，因为有了这样的课题，美国的中学生就要去了解这位美国立国伟人、美国精神的代表——托马斯·杰斐逊；要去了解美国的立国之基、资本主义最经典的法律文本——《独立宣言》。

因为有老师这样的问题，孩子们想要有答案就不得不去研究伟人，研读《独立宣言》；研究社会各学派的评价，调动自己的思考和分析能力。更为重要的是，老师这一问，向孩子们传递了一种理念，那就是——你们可以对世间的一切发问，提出质疑，进行思考，哪怕是"神圣"和"权威"。这不只是一种知识的教授方式，更是在培养孩子们一种敢于尝试的思维品质。

在美国，孩子们感觉最有压力的科目不是数理化，而是历史,这在其他国度的人看来有些不可思议,美国的历史不过区区几百年,与文明古国相比,它的历史书大概也没有几页纸吧?然而,美国学生的历史课堂却是这样的,比如老师布置这样的作业:"公民权利"研究论文,要求写到3至5页,打印出来,要双空行,至少用3种资料来源(如网络、书籍等),至少有5句引文。同时,对比以下四人关于美国的观点:布克·华盛顿、杜伯依斯、马丁·路德·金和马尔科姆。在论文里,需要把每个人都介绍一下,还必须纳入贴切的材料。然后,讨论他们关于美国的观点,要把自己的想法写进去,还要把引文或材料来源列出来,如某某网页、某某著作……

是让孩子接受,还是让孩子去思考、去判断、去尝试?这

是我们面临的一大教育课题。鼓励孩子尝试，更重要的是为孩子提供尝试的机会。而家长常常犯的错误不是没有鼓励孩子，而是没有将鼓励变成激励、变成奖励，并坚持到底。我们常常发现，当孩子想尝试去做某件事情时，家长倒是开明地说，好啊，你试试看吧。结果一旦孩子尝试失败了，或者没有按照大人常规的方法来做，这时旁边的家人便坐不住了。

"哦，天啊，你不应该这么去做，你应该这样子……"不仅如此，除了口头的干涉和建议，甚至会忍不住自己上手。此时的孩子只能失落而沮丧地站在一边，一边看着大人漂亮地完成，一边听着大人趾高气扬的数落。这时孩子的心理会受到比阻止他去做还严重的打击，不仅以后不会再去尝试，甚至再也不想去碰这件事了，反正没有按照大人的方法来，就要被数落、被批评。这样做不仅打消了孩子的积极性，还伤害了孩子的自尊心。

聪明的父母其实不是对孩子做些什么，只是要管住自己，做一个安静的旁观者。不插手，不干预，唯一需要做的是鼓励。"你做得不错嘛""哦，这也不失为一个好办法呀""原来还能这样子啊""你真的做到了""以后我可以请你来帮我做这件事了"……这些是一种激励，让孩子们在尝试的过程中不断获取自信，获得成就感。在这样的教育理念中成长的孩子，长大后无畏困难，总是能够积极正面地面对工作、生活，无疑，这样的孩子也更容易在积极尝试的习惯中获得成功。

创新意味着生存

> 如果乔布斯最初按照诺基亚的样子做手机,我们今天便没有机会见到 iPhone。环视一下你的四周,几乎所有东西都是创新的产物。人类的进化史就是一个创新迭代的过程,创新能量蕴藏在我们的基因深处,人人都可以成为创新者。
>
> ——美国设计公司 IDEO 总经理　汤姆·凯利(Tom Kelley)

哈佛大学之所以能够成为美国大学中的成功典范,培养出一大批具有开拓创新精神的人才,根本原因是其独特的办学宗旨和校风。哈佛大学的校风淋漓尽致地体现了创新精神,它的教育核心就是:崇尚自由竞争和个人奋斗,崇尚冒险和创业,崇尚对事业的追求与高度负责的工作态度……

在哈佛的教学过程中,并不重视学生是否给出正确的答案,而是重视学生思考讨论的过程,每个题目都由学生参与分析、讨论,甚至是争辩。哈佛的教育理念认为,问题的正确答案不是唯一的,悬而未决的问题总会存在,正如每个人的人生都无法复制他人的经验,哈佛鼓励学子们去寻找自己的答案,这种从问题的源头培养起来的创新理念，会帮助学子在未来的人生中创造出更多的可能，这就是人类生存的本质。

问题本身就不只是存在唯一的解决办法，如果我们在一件事上受到挫败，就只能说明我们还没有找到更好的解决办法。

○ **哈佛男孩教养手札**

创新是人类文明进步和社会发展的动力，人类就是在不断探索未知的过程中走过历史之河，到达高度文明的今天的。哈佛大学一直是新思想和新创意的诞生地，学生与教师可以不受限制地争论，而学校的责任则是尽一切努力营造富有创造力的学习和学术氛围。

然而，在现实的亲子生活中，父母常常以经验丰富的过来人自居，希望孩子能够在父母已有的经验基础上建造更完美的人生。然而，人生本就是一个体验的过程，任何人的经验都无法复制，要孩子听话和做个乖孩子的理念从根本上说是对孩子人生的不尊重。

要知道，过分的管束，过多的命令，结果是以大人的愿望、兴趣、思维、意念强制孩子接受，从而泯灭了他们应有的独立性、创造意识和自主行为，使孩子成为大人手中的"泥娃娃"，被动地接受"制造者"的雕刻。

当孩子想要挑战新游戏时，如果你很扫兴地说"那个太危险了，你最好不要动它"或者"现在还不是你玩那个的时候"，这时孩子想了解新鲜事物的兴趣就会受到压抑，无法尝试新游戏而产生挫败感，会压抑和打击孩子主动探索的精神，创新能力就更无从谈起了。

培养创新意识的首要条件就是改变家长的"我告诉你"心态，转变家长的"过来人"观念，尊重孩子，把孩子真正视为独立的"个体"，让家庭氛围更宽松、更民主，给孩子的自由空间与时间更充分，鼓励孩子逐渐形成具有个性特点的判断和理解力，激发孩子的创新需求，让孩子感受到自己的能力提升与成绩的提高，成为一个"有活力"的人。

伟大的科学家爱因斯坦曾说："兴趣是最好的老师。"因此，培养孩子的创新意识，需要积极地为孩子创设有利于发展创新意识的场所、情境，关注孩子的兴趣点，给孩子充分的选择机会。当你的孩子缠着你对一个问题打破砂锅问到底时，不要感到厌烦，相反，这时你应该感到高兴，因为这恰恰是孩子"我的兴趣来了"的信号。孩子的年龄特点决定着他们学习、创造的内在动力的只能是兴趣。只有对某项事物发生了足够的兴趣，才能使孩子主动地、完全投入地进行某项活动，并在活动中体会快乐，从而积极大胆地尝试、探索，浓厚的兴趣使孩子也能在各种问题面前继续前进。

男孩天生就有一种"创新"基因，如果你仔细观察就会发现，男孩们常常对各种玩具汽车、钟表感兴趣，总会把它拆开，他们总是好奇那些零零碎碎的零件是怎么组合在一起运转起来的，不得不承认，这方面男孩子总是比女孩子有优势，不论你的孩子拆掉了家里的冰箱、钟表、游戏机，不管购买这些物件时花费掉了你多少薪水，你都不要一味斥责，更不要暴怒。要清楚这是富有创新精神的小家伙在探索未知的世界，将来他会发明出更神奇的机器也说不定呢。

此外，想象力是创新意识的雏形，当想象的翅膀足够丰满时，孩子才能到达创新的彼岸。对于孩子来说，想象力的培养比知识积累更重要。日常生活中，想象力在孩子的一言一行中都能体现出来，一个奇思妙想的故事，一幅夸张"荒谬"的涂鸦，一座东歪西斜的积木楼房，对于这些成人不能完全

理解的作品或作品在完成过程中发生的各类情况，都是成年人已经失去了宝贵的童真的想象力。

曾经有一位老师让班里的小朋友续编《小松鼠的苹果树》这个故事，当其中一个小朋友讲到"苹果树后来又长出了松子、香蕉……"时，所有的小朋友都咯咯咯地笑了起来。这位小朋友一脸不高兴地解释说："有什么好笑的？等我以后当了科学家，就能发明这种树！"

这位老师没有嘲笑孩子的梦想，而且坚定地鼓励他说："我相信你一定会发明这种树。"

对"梦想"的鼓励和支持，是培养孩子冒险精神和创新能力的强大动力。同时，更为重要的是鼓励孩子实践。调动起孩子的各种感官，解放孩子的手、眼、脑。我们很难想象，一个不敢动口动脑动手或懒于动口动脑动手的孩子有强烈的创新意识。

没有人可以替他人成长，孩子的成长不仅无法替代，而且更加值得期待。孩子们不需要现成的答案，不需要包办的溺爱，他们需用自己的身体和意识去感知这个世界，并且还给我们一个独一无二的惊喜，创新是孩子们生存和成长的方式，让我们学会尊重并鼓励它的发展。

直面人生的挑战

> 每个挑战都是成功的机会。
> ——美国喜剧明星 安迪·萨姆伯格（Andy Samberg）

美国脱口秀女王奥普拉在哈佛大学2013届毕业典礼上为毕业生做演讲时说道：人生唯一的目标就是做真实的自己，每一次失败都是一个新的开始。它鼓励那些内心感到卑微、怯懦和情绪沮丧的同学们，人生路上，"事与愿违"往往多过"万事如意"，挑战时不时存在，坎坷也总会有。在成长过程中，学校竞选受挫、学习成绩下降、与同学之间的人际交往障碍……你们总会遇到这样那样的困难和挫折。然而，在碰到这些问题时，是选择逃避还是勇于面对，这直接关系着你将来有什么样的情商和品质。

人生的机遇在到来的时候，总是穿着"挑战"的外衣。被挑战吓得退缩，便只能过安全保险、平凡无奇的人生；迎接挑战，便可以迎来惊喜与改变，拥抱一个丰富充实的精彩人生。

也许很多时候，父母应该学会"放手"。让孩子学会为自己的行为承担后果，学会在风雨中成长强大，学会忍耐和解决问题的方法,而不是遇到问题就想找避风港和保护伞,躲到父母的羽翼之下。真的爱孩子,就做那个站在他身后的人,让他心中时刻都有依靠,而不是依赖;当他回过头,总能看到你鼓励的温暖的笑容,而不是一张总是紧张兮兮的面孔;让他在风雨中坚强茁壮地成长,而不是脆弱得不堪一击。

○ **哈佛男孩教养手札**

女孩子的乖巧听话总是让父母感到欣慰,而面对男孩的冒险行为则往往如临大敌。然而,当男孩安静、乖巧时,做父母的我们反而开始焦虑、担心,"他

是不是太娘娘腔了""他的心理不会有问题吧",与其面对这种情况,是不是我们更希望那个淘气捣蛋的男孩子回来?最后的结果是"随你吧,你是男孩"。

很多致力于亲子关系的研究结果都表明,在男孩的成长道路上,父亲将扮演更为重要的角色。有心理专家告诉我们,子女最初会在家庭中模仿父母,继而模仿其他男女角色。父亲提供男人的基本模式,男孩子往往把父亲看作是将来发展自己男性特征最现实的"楷模"。给男孩树立男人的榜样,担当起教育孩子的责任,正是父亲角色的意义所在。

然而,不得不承认,在我们现实的家庭教育中,父亲往往是一个缺失的角色。通常情况下,父亲忙于工作在外奔波,在教育孩子方面不能投入更多的时间和精力,因而母亲自然而然地扮演了主要的角色。孩子有问题了总是先去找妈妈,听听妈妈有什么好主意。这就导致男孩在家庭教育中,受到了太多的

女性教育，而缺乏男性教育。让父亲参与到家庭教育中，是越来越多培养勇敢男孩最重要的一步。爸爸可以多带孩子进行一些富有刺激、冒险的活动，如爬山、攀岩、自行车越野等，会逐步促进孩子面对挑战、敢于接受的精神。

要想让男孩更勇敢，首先要让他拥有强健的体魄。很难想象，一个弱不禁风的孩子会拥有强大的气势和迎接挑战的勇气。身体上的弱势，会让孩子在体能和心理上都没有信心。因此，鼓励孩子参加体育锻炼和社会活动，注意孩子发育期的饮食营养，是让男孩拥有一个强健体魄的重要途径。

教育的目的就是培养孩子健全的个性，使他们以后能够从容不迫地适应生活中的各种变化。他们必须学会平静地接受挫折，在这点上，甘地夫人的做法或许能够给我们一些启示。

和我们普通人不一样，在儿子拉吉夫12岁因病要做一次手术时，面对紧张、恐惧的拉吉夫，甘地夫人阻止了医生"手术并不痛苦，也不用害怕"等安慰孩子的善意谎言。她来到儿子床边，平静地告诉拉吉夫："可爱的小拉吉夫，手术后你有几天会相当痛苦，这种痛苦是谁也不能代替的，哭泣或喊叫都不能减轻痛苦，可能还会引起头痛，所以，你必须勇敢地承受它。"手术后，拉吉夫没有哭，也没有叫苦，他勇敢地忍受了这一切。

孩子在成长过程中，既有愉快的成功，也不可避免地遇到各种挫折。挫折是不以人的意志为转移的，也不是父母时刻呵护就能避免的。拒绝挫折，拒绝挑战，就等于拒绝成功。

教会孩子勇敢地面对挫折，不但能使孩子在今后的人生道路上走得更加平稳，也减少了父母许多不必要的麻烦。如果这种教导能够从幼儿的时候就开始，他们不怕挫折的意识和勇敢面对各种挑战的能力会更强。

事实上，人生的每一次挑战都是一次对未知的尝试，许多事情不总是顺理成章地等着你去做，它总是需要我们鼓起勇气去探索、去感知。没有路的时候有能力开辟出一条新路。遇到挫折和失败时能够坚守信念，拼搏到底，这样的品格是成为一个成功者必备的气质。

勇敢地跨出第一步

> 输了固然感觉不好,但这总比从来没有尝试过强。
>
> ——哈佛校友　罗斯福

《史蒂夫·乔布斯传》中有这样一段话:迈出第一步的时候,使你停下来最普遍的理由就是恐惧,这是一种非理性的焦虑。因为大多数情况下恐惧源于潜在的失败:由于我们的教育体系、文化氛围以及社会观念助长了对于失败的莫名恐惧。这是荒谬的,因为失败本身就是一件美丽的事情。你肯定会经历失败,这没有什么不好的,因为你从中得到了经验而能由此使自己变得越来越好。

不得不承认,当我们犹豫不决是否要去做一件事情时,我们焦虑的并不是是否要去做,而是在担心"万一做不好怎么办",这种对失败的恐惧让我们迟迟不愿行动。

因此,成功者总是乐于给人们这样的忠告:不要因为恐惧而退缩,要从你的心里消除这种思想,勇敢地走出第一步。

有些事情,做并不一定会成功,但不做肯定不会成功。

天下最悲哀的就是在事后后悔与叹息:我当时真应该去做

却没做。成功并不困难,只要勇敢地跨出第一步,就会有所突破、有所超越。

○ 哈佛男孩教养手札

人们为什么畏惧前进,为什么害怕迈出第一步呢?从心理学上讲,这源于对失败的恐惧,源于对外界事物的恐惧。所以我们在教育孩子的时候,在鼓励他迈出第一步之前,要让他懂得,失败并不是坏事,失败是到达成功的必由之路。我们都知道,孩子学走路的时候是免不了要跌倒的,可是,我们不能因为害怕就不学走路吧。学游泳总是要被呛水的,难道我们会因此而不让孩子学游泳吗?

对孩子来讲,迈出第一步是成功人生的开始。要让孩子知道,正是有了这个许许多多的第一次,他才能体验生活的快乐与完美。向着自己的目标迈进,无论成功与否,这本身就是一种勇气、一种尝试,不懂得开始的人永远不会有结果,也就不会有收获。

有这样一则笑话:有个人去向上帝祈祷:"上帝啊,让我中一次彩票大奖吧!"他每天都这样祈祷,上帝终于忍不住了对他说:"你倒是去买一注彩票啊!"光有理想而不去实干的人,就如同这个想要中大奖却不去买彩票的人一样,不想去开始,哪有结果呢?

孩子成长的快乐恰恰就在于体验一个又一个"第一次",

鼓励孩子多去尝试、去经历,他会发现每一个开始都会有一个收获,这样他又会在尝试中获得动力,有更多的兴趣和勇气去探索更广阔的人生。孩子能够主动请求和小朋友玩游戏了,要鼓励;孩子的作文被当作范文了,要鼓励;孩子第一次独自去上学了,要鼓励;孩子第一次去登山,孩子第一次做饭了……孩子的每一个第一次,尽管我们认为微不足道,但是适时的鼓励往往能激起孩子继续努力的潜能,就能够培养他们独自完成事情的能力。只要他有了开始,你就要鼓励他坚持:每一件小事的积累,都是成功人生的基石。

有一个家庭条件不错的初中男孩,每到星期天,她都去"星期天市场",他父亲极力反对,怕耽误孩子的学习。可是他做教师的母亲却不这么认为,在和儿子"约法三章"——不能影响学习,必须按时完成作业,保持住成绩。在这个前提下,母亲同意儿子去卖些小东西。尽管家里不缺钱,可这个男孩在锻炼自己社会能力的同时,丝毫没有影响到自己的学习。几年以后,他以优异的成绩考上了名牌大学，早在他上高中的时候，他就没有花过家里一分钱，甚至在他高考的那一年，他收到了美国好几所著名大学的录取通知书。

向着目标迈出第一步，走错一步便修正一步，那么当孩子们站在终点时，自然就能收获孩子们想要得到的。不要害怕开始时的跌倒与挫折，当孩子们跨出第一步的时候，通常会遇到自己想象不到的困难，可是只要不放弃，坚持下去，他们就一定能品尝到付出的汗水所结成的成功果实。有了开始，距离梦想的目标就更近了。这个世界就是以这种微妙的原则运转，当我们有了开始，不断努力，自然会有硕果累累的一天。

人生太短，如果我们把太多的时间用于筹划和犹豫的选择上，那么我们将一事无成。凡事先行动了再说，只有在行动的步伐中，我们才能不断发现错误，修正错误，并累积成果，如此，我们会发现，梦想并不奢侈，只要勇敢地迈出第一步，就会达成最终的目标。

进取心决定人生的高度

> 这个世界愿意对一件事情赠予大奖,包括金钱与荣誉,那就是"进取心"。什么是进取心?那就是主动去做应该做的事情。
>
> ——哈佛大学教授 胡巴特

什么是进取心?进取心就是主动去做应该做的事情的心态。若一个人不是先有希望,那么他绝对不会计划去完成什么事情,最后必然一事无成。拿破仑·希尔说过:"进取心是一种极为难得的美德,它能驱使一个人在不被吩咐去做什么事之前,就能主动地去做应该做的事。"

进取心对一个人的一生极为重要,因为没有了它,人们不会坚持自己的目标,遇到挫折就会立刻放弃。进取心代表着持久追求高远的品格。只有始终相信自己会有一番作为,并积极主动去实行自己计划的人,才有成功的机会。

一个人如果没有追求就像闲置的钢铁会锈。进取心使我们对生活充满激情,对明天充满希望,拥有进取心,你将会柔化很多困难。

目光高远，保持积极的进取心，是成功者最重要的习惯。

○ **哈佛男孩教养手札**

每个人所能达到的人生高度，无不始于一种内心的状态。进取心是人们不满足于现状所做出的选择，它是积极向上的，促进人们进步和前进的不懈动力。

很多心情过于急切的父母会抱怨自己的孩子不够上进，他们常对朋友这样倾诉："我那孩子平时对什么都没什么兴趣，没有他喜欢的东西，没有他喜欢干的事，没有积极主动的精神，没有争强好胜的心理，做事没有积极性，就像他那年迈的祖父一样，这真让我头疼。"

如果孩子已出现这样的状态：不够积极向上、做事被动、没有进取心……先不要焦躁，先了解孩子造成这种问题的原因：

是不是平时过于挑剔，或是伤了孩子的自尊，还是孩子在某件事上受过打击……

对此哈佛教育专家关于激发孩子进取心的问题给出了以下建议：

进取心的另一面便是竞争意识，要激发孩子的进取心，可以尝试去激起他的竞争意识，经常向孩子提出挑战，如利用"激将法"去刺激上进心，鼓励其战胜自我，超越自己。

同时，要给孩子树立自信的暗示。这种暗示可以通过父母的语言、表情、动作、环境等对孩子的某种言行无声的教育，使孩子处于一种积极主动，信心十足，愉悦兴奋的进取心态之中。

此外，要帮助孩子树立梦想和目标。在童年时代，人们大都充满了各种幼稚的幻想，不要嘲笑，这恰恰是人能够进步、走向成功的内驱力。理想的做法是，帮助孩子认识理想中自我和现实中自我之间的差距，从而促使孩子去改变、去提升，成为自我教育的内部动力。

不能忽略的是，在激发孩子进取心的过程中，父母的赏识是孩子积极进取的巨大动力。当然，赏识必须是发自内心的，你要始终坚信自己的孩子是优秀的。此外，还要多给孩子证明自己的机会，多给孩子尝试的机会。也许出于对孩子保护的心理，你经常把"小心，我来"这样的话挂在嘴边，那么现在请停止，给孩子机会，放手让孩子去尝试。否则，这种做法在孩子试图挑战自己的能力之前，就扼杀了他尝试的机会，他既来不及证明自己，又来不及学会该有的能力，从而在还没有开始，就已经落后了。

进取心是孩子不断成长进步的原动力。具有进取心的孩子，不是被动学习，不会消极做事，而是主动出手，积极行动。这样的孩子才会最终取得成功。

坚持，只是一念之间的勇气

> 什么样的学生才能受到哈佛的青睐？仅成绩优秀是不够的。如果在他的课外活动中，哪怕常年只做一件事，但只要是他真正热爱的事，遇到再大困难也不放弃，他就能打动哈佛。
>
> ——哈佛大学首席招生官 莎莉·尚帕涅（Sally Champagne）

坚持，是成大事者的共同特征。

就像富兰克林·皮尔斯，当初在律师界初试锋芒的时候，他几乎陷于彻底的失败。尽管他十分苦恼，但他没有丝毫的气馁和沮丧。他说，他将尝试999次，如果还是失败的话，他将进行第1000次努力。

如果富兰克林不是世界上最有韧性的人，那么他根本就不可能当上美国总统。坚持的人从不会停下来怀疑自己能否成功，他考虑的唯一问题就是如何前进，如何走得更远，如何接近目标。每一个人在奋斗中都会遇到各种困难、挫折和失败，心态是成功者与普通人的区别。

○ **哈佛男孩教养手札**

在心理学家的眼里，男孩是"有攻击性的小机器"。男孩富有个性，爆发力强，做事毛糙，重结果而不重过程，在很多情况下都做不到坚持不懈。与文静乖巧的女孩相比，家长们需要花费更大的力气引导他们，让他们明白坚持的意义。

比如，引导他们学一些特长。也许他们刚开始兴趣浓厚，新鲜感十足，过了不久就会感到厌倦。此时，首先需要坚持的是父母，即使面对孩子的怠惰情绪，也不要先表现出丝毫的动摇。有时候，父母学会坚持的意义远远大于强硬地灌输理念的意义。当你忍住了不耐烦和愤怒，给孩子一点走神的时间，只是在旁边提醒，也许开了小差的男孩马上就回到了正轨，渐渐地培养起坚持下去的习惯。

有时候，也可以在运动中让孩子学会坚持。多带孩子进行一些爬山之类的有氧运动。在爬山的过程中，中途可能会厌倦、会灰心，要鼓励他，陪着孩子兴致勃勃地继续爬山，注意你的情绪不能低落，更不要唠叨。这个时刻，你无声的行为更会为孩子树立一个榜样。孩子在你的影响下，一定会顺利到达山顶。当然，在这样的情况下，也不要吝啬自己的表扬与鼓励，做事也一样，肯定他，让孩子明白做事和爬山一样，只有坚持才能有一览众山小的成就感！

其实很多时候人们很容易树立梦想，也因为短暂的激情而感觉到信心满满。但往往激情褪去，梦想便置之脑后了。所以普遍来说，无论大人还是孩子，都缺乏意志力，因此需要透过意志力来激发孩子行动的勇气，它不是一时的炫丽，而是一步一个脚印地落实，把一些对人生有益的念头与行为，变成优质的习惯。

我们可以从很多事例中得到这样的体验：一个人无论面对怎样的困难，只有坚持到底才能从失败中走出来，从而获得成功的机会。事实上，有些男孩并不胆小，只是缺乏耐心与自制力，即使遇到一点小麻烦也会变得不耐烦。

坚持或放弃，只在一念之间。那份勇气，也许就是男孩们成功与否最关键的底牌。

总之，要让孩子学会坚持，离不开家长的"狠心"坚持、忍耐和鼓励。在孩子要打退堂鼓的时候，家长要陪着孩子一起坚持；在孩子提出无理要求的时候，家长要狠心拒绝；在孩子按照我们的要求达到一定的目标的时候，家长要及时肯定孩子的努力，并给予奖励和鼓励……培养孩子坚持忍耐的性格其实是对家长的一种考验。但是，你对孩子教育的坚持，也在于一念之间的勇气。

就算身处绝境,也要发挥最大潜力

> 在绝望的时候再坚持一下,将看到更美丽的彩虹。
> ——哈佛格言

1415年10月25日,在法国北部的阿金库尔,英王亨利五世被数倍于己的法军包围。就是在这样的绝境下,亨利五世不言放弃,他怀揣夺回百年前被法国占领国土的梦想,发表了那份历史上最著名的演讲,激起了全军的斗志,他们抱着背水一战的精神,奋勇杀敌,最终大获全胜。

在哈佛大学的校园里流传着这样一句经典的格言:"在绝望的时候再坚持一下,将看到更美丽的彩虹。"哈佛学子在遇到困难时,总会用这句话来鼓励自己坚持下去。哈佛心理学家发现,人们绝望,主要是表现在自己的放弃上,有80%的人在绝望还没有真正到来时就绝望了,而剩下的人中,又有80%的人在绝望真正到来的时候绝望了,只有极少数的人可以在真正令人绝望的时候还能保持一种顽强的意志力。也正是这些极少数人是能够激发最后潜力的人,最后攀上了人生高峰。

科学研究也表明,人在遇到生命危险时,都会爆发出惊人的潜力,它会不由自主地坚持到耗尽身体的所有能源为止。就像地震之后的人,在废墟中可以坚持几十上百、甚至几百个小时。任何的模仿或者演戏,都不能让人有身临其境的感觉,也不能激发人的潜能。而只有身处绝境,才能激发人的潜能,这也告诉我们,即使身处绝境,也能发挥最大的潜力,获得绝处逢生的重生。

○ 哈佛男孩教养手札

哈佛大学的一项调查显示,在缺乏激励时,人的潜力只能发挥20%~30%,而在良好的激励环境下,将发挥80%~90%。挖掘人的潜能,就要从尽可能满足人的需要出发,对人进行激励。尤其是身处绝境时,更能激发人的潜能,我们常说的置之死地而后生就是这个道理,在绝境中成功者往往会突破思想上的樊篱,超越世俗常规,书写连自己都不曾想象的神话,巴尔扎克说:"绝境是天才的晋身之阶;信徒的洗礼之水;能人的无价之宝;弱者的无底之渊。"

对孩子进行"绝境"教育,激发孩子潜能,能够培养孩子不怕困难、勇往直前的冒险精神。客观来说,大多数倾向于循规蹈矩的教育,都不愿意让孩子去冒险,更愿意让孩子按照自己的意愿安安全全去做事。然而不可避免的是,生活中总有很多想象不到的事情会突然发生,加强对孩子冒险精神的培养,就是让孩子在"狼真的来了"的时候,依靠自己的智慧,沉着冷静地化解难题,从而塑造自己成功的人生。

有这样一个关于绝境创造奇迹的故事,说的是一个孩子从小就患上了小儿麻痹症,走路一瘸一拐。有一次,他在看世界地图的时候,望着埃及呆呆出神。这个时候,他父亲对他说:"别看了,就你这身体条件,我保证你这辈子都到不了埃及。"男孩没说什么,但是,从此以后他强烈地想了解埃及,关注那儿的一切。在他18岁的时候,他在埃及金字塔前照了一张照片,邮给了父亲,他在照片背面写了一句话:"生命不能被保证。"

是的,生命不能被保证。成长中的青少年,正处在初生牛犊不怕虎的大好时光,有足够的时间和精力去挑战"不可能",不轻言放弃,更不轻易绝望。对男孩子的"绝境"教育上,最关键的是激发孩子最后的斗志,让他们相信只要再努力一下,

或许就能改变结果。

不仅如此，在生活中父母也要敢于创造一些"险境"，用于激发孩子潜能，培养孩子的独立意识。比如教孩子游泳，在讲解了正确方法之后，家长看到他在水中沉浮，在确保安全的前提下，别去帮孩子，让他自己折腾一会儿，只有这样的机会，他才能很快学会游泳。

困境的存在与否并不是我们能够左右的，但是，如何应对困境却是我们可以选择的。积极面对问题要有十足的勇气，告诉自己"我有可能转变"，正是心理学家倡导的"可能性思考"，它是一种积极进取的自我心理暗示，要培养孩子这种"可能性思考"的思维模式。它能够使男孩成长为一个意志坚强的人，能够将逆境扭转为顺境的人。在挫折中寻找转机，在逆境中坚定地走下去，发挥出最大的潜力，孩子总能获取更大的成功。

第二章
哈佛自信：
让男孩成为最好的自己

哈佛大学希望他们的学生每天都要做一件事情，那就是——表扬自己！的确，赞扬令人干劲十足，而负面的自我评价则会让人陷入消极的状态中，一点一滴地侵蚀人们的自信心。有信心的人，可以化渺小为伟大，化平庸为神奇。每个向往成功、不甘沉沦的人，都应该牢牢记住苏格拉底的至理名言："最优秀的就是你自己！"

力量来自永恒的自信心

> 自信,是人类运用和驾驭宇宙无穷大智的唯一管道,是所有奇迹的根基,是所有科学法则无法分析的玄妙神迹的发源地。
>
> ——拿破仑·希尔

德摩斯梯尼是古希腊著名的演说家。

谁也不会想到,令人瞩目的德摩斯梯尼原先患有口吃病,幼年结巴,语音微弱,做演说时常被人喝倒彩。但是他始终对自己抱有坚定的信心。为了克服疾病,每天清晨口含小石子,呼喊练习,最终成为口若悬河、辩驳纵横的演说家。

世界上有很多取得辉煌成就的人,虽身处逆境,但充满自信,自强不息,奋斗向上,最终获得成功。他们成功的力量来自永恒的自信心。

哈佛大学始终坚持为学子们树立坚定不移的自信,让他们相信:自信是成功必不可少的前提。人只有自信,才能拥有坚忍的意志,以及战胜挫折的信心。信心可以开启人的精神潜能,从而使人获得无穷的力量,以此用来获得成功和重塑命运。

○ **哈佛男孩教养手札**

哈佛大学的知名教授常对学生这样说，自信就是一个人的胆量，有了这样的胆量，定能所向披靡。他们非常相信自信的力量，确实，成功源于自信，只有对自己充满自信，才会精力充沛，豪情万丈。

然而遗憾的是，孩子的自信常常是被父母打击掉的。当我们对孩子抱有过高的期望而不由自主地拿他们与同龄人相比较时，他们的感觉就会非常糟糕。例如，他们听到"你为什么不像哥哥一样""卡尔做得比你优秀多了"时，并不会激发起他们发奋图强的决心，反而是给了他们一种消极的暗示——没有人相信你，我们对你很失望。这容易让孩子产生失败感和嫉妒心，不仅会泯灭他们的自信心，甚至会影响他们的心理成长。

我们都知道，世上没有两片完全相同的树叶，同样也不会在一个模子里刻出来两个孩子。每个孩子都是特殊的个体，父母的攀比会给孩子带来很大压力，造成孩子无视自己所具有的令人骄傲的长处，从而丧失自信心。所以，与其用这种"刺激"的方式来驱动孩子进步，不如换成接纳和鼓励。心理学家告诉我们说，大部分的孩子以及成人，更能从接纳和鼓励中获得力量。

这不难理解。只要你仔细观察，就会发现每个孩子都有他的长处，如果你学会赏识，用赞赏、相信的眼光看待自己的孩子，就会给他们信心和力量。

孩子做任何事之前，家长可以给他积极的心理暗示："我相信你一定能做到。"孩子成功以后，你可以说："你果然做到了，真了不起！"孩子从你的鼓励中获得成就感和自信心，他会更乐于去努力让自己成长。

"孩子是喜欢成功的！""孩子是喜欢被称赞的！"哈佛著名教育家史蒂芬先生在讲到孩子心理特点时曾反复这样说。你的赞扬与鼓励定会激发孩子的自信心，任何时候都可以，比如玩游戏、做运动、日常活动……

比如男孩子喜欢的溜冰运动，在他初次接触时，也许自己穿上鞋子都难。这时只要说一句"相信你，你一定能行"，孩子感受到你的信任，会有足够的勇气去克服心中的畏惧，试着迈出第一步。

第二次，尽管还很不稳定，但能独立走几步。这时候你不能着急，要明白，孩子只需和自己比较。你要肯定他："和昨天相比有进步！"这时，他心中会想："我一定行的！"那么，自信的种子已在孩子心中扎根，我们就期待他更大的进步吧。

到了下一次，他会溜得更好，你在这时一定要给予更大的鼓励："真了不起！"你会发现，当他听到这句话时，眼神是闪烁的，下巴是高昂的……

接下来，你一定会发现一个渐渐自信起来的孩子。

这样的鼓励是有梯度的，能让孩子在整个活动的过程中开始建立自信心，并逐渐增强，继而会转化为成功的动力。

这样有梯度的鼓励同样适用于孩子的学习、人际交往、社会活动等任何方面。

不甘平庸，必须像王者一样自信

> 不为平庸而生。
>
> ——古罗马政治家、哲学家 塞涅卡

哈佛学子都牢记这样一段话：一个优秀的人才，他的自信力，恒久不衰。倘若本来是一块金子，拥有自信，会永远优秀；如果缺乏持久的自信，就会甘心成为一粒沙子。有些人原本是优秀的，只不过，缺乏自信心，就会将他一步步地从优秀的高位上拉下来，直至跌落到平庸的位置上。

自甘平庸，是人生的悲剧，也是人生的灾难。只是更多的时候，由于自己的自卑，导演了这场灾难和悲剧。不甘平庸，就要对自己有足够的信心，坚信自己是最棒的。这是深入每个哈佛毕业生内心的永恒真理。

心理学大师卡耐基经常提醒自己的一句箴言就是："我想赢，我一定能赢；结果我又赢了。"

○ **哈佛男孩教养手札**

林肯总统对于自信有一个非常形象而生动的比喻。他曾说，喷泉的高度不会超过它的源头，人的事业也是一样，一个人的成就不可能超越自己的信念。可以说，能够步入哈佛殿堂的成功者都有一颗不甘平庸的心，正是这种不甘平庸，才成就了哈佛的伟大，成就了哈佛学生的人生辉煌。

在哈佛的人生课堂上，导师这样教导学生：人生是不能被设定的，每一个人都有无限的人生可能。有人说，不要像一般人一样生活，否则你只能成为一般的人。换句话说就是，如果你想成为不一般的人，那么你就不能像一般的人一样生活。

哈佛大学有一个非常著名的跟踪调查，调查对象为600个智力、学历和生活环境都相差不多的青年。调查者让600名青年各自填写一份关于人生目标的调查问卷，然后从问卷的统计结果中发现：27%的人没有目标；60%的人目标模糊；10%的人有清晰但比较短暂的目标；3%的人有清晰且长远的目标。

那么这些青少年时期的志向，对每个人未来的人生又会产生怎样的改变呢？调查者在20年后对这600名对象进行了跟踪调查，结果显示：那3%有清晰且长远目标的人，20年来他们都朝着同一方向不懈地努力，20年后，他们几乎都成为社会各个领域的顶尖人才；而10%有清晰而短期目标的人，20年后大多处于社会的中上层，他们的短期目标不断达成，人生状态稳步上升，成为各行各业不可或缺的专业人士；60%的模糊目标者，几乎都在社会的中下层，他们都能安稳地工作，没有什么特别的成绩；剩下的27%没有目标的人群，他们几乎处于社会最底层,生活不如意,并常常深陷抱怨的情绪之中。

这个调查给世人的启示是,如果你不甘平庸,那么你最好为自己制定一下清晰而且长期坚持的目标,并为此而奋斗。当然,当你为这一长期而远大的目标奋斗时,你必然是抱着使命必达的王者般的自信坚持到底。

对于男孩来说,最可贵的是拥有一颗不甘平庸、不断进取的心。如果你希望自己的男孩摆脱平庸,就必须要帮助他拥有王者般的自信:敢想敢做。

男孩有自己的想法,并为之付诸行动,是一种可贵的品质,这说明男孩有个性,是一个人格健全、能独立行走的男子汉。有些想法或许在父母看来是幼稚的,不可思议的,但如果你给孩子空间和时间,也许他们真的能够为你创造一个奇迹。如果家庭教育过于限制孩子的个性成长,要求孩子按父母的意志行事,不允许他坚持自己的理想,那么孩子的种种天

性就会在这种教育中被磨灭。

只有敢想还很不够，目标只停留在口头上，无论如何也是不能实现的，一个自信心很强的人，必定是一个敢于行动的人。他决不会对生活持等待、观望的消极态度，从而丧失各种机遇。他会在行动中、实践中展示自己的才华。当然这里说的敢想敢干，都不是盲目的，更不是主观主义的空想、蛮干。而要从小培养他们学会自己设定合理的目标和为了实现目标具体的做法，从小做一个不甘平庸的人。

给自己一个定位，找准人生的起点

> 认识到自己能够做什么很重要，但认识到自己不能做什么更重要。
>
> ——哈佛大学第22任校长 洛厄尔

哈佛大学向来崇尚自由精神，她让每一个学子都尽可能地认识到自身的全部优缺点，因此，在哈佛大学，专业之间的院系调整是非常常见的事。哈佛大学鼓励学子认清自己，为自己找准定位。因为不论是自恃过高还是妄自菲薄，都会让一个人的努力事倍功半，更糟糕的是，他将在一个错误的方向上越跑越远。

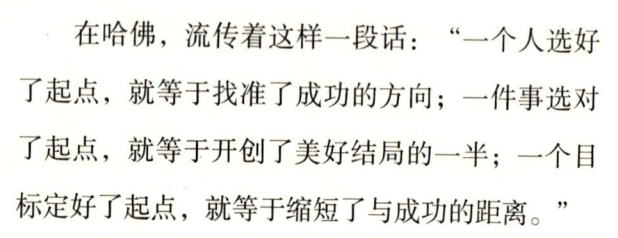

在哈佛，流传着这样一段话："一个人选好了起点，就等于找准了成功的方向；一件事选对了起点，就等于开创了美好结局的一半；一个目标定好了起点，就等于缩短了与成功的距离。"

给自己一个定位，找准人生的起点，这是实现成功不可或缺的一道程序。

只有客观地看待自己，才能做出准确的判断。

反之，若是脱离基本事实，过高或过低地评估自己，为自己确立一个不合实际的定位，那么就只能重复错误的选择，到头来自食苦果。

○ 哈佛男孩教养手札

哈佛的一位毕业生曾这样说，不同的起点蕴含着不同的力量，也预示着不同的结局。但选择起点的关键之处在于要学会认清自己的优势和劣势，并以此为根据来确定自己的定位。

日本"经营之神"松下幸之助也认为，人应该正确评价自己。能够做出正确判断是一种幸运，如果一个人对自己的评价有误，做了不可做、不该做之事，就会使社会秩序发生混乱。所以，人类对于社会的第一要务是判定自己的价值，也就是要正确地认识、评价自己，这是很重要的。松下幸之助常常自问："我到底有多大力量？""我的情况究竟如何？"他认为，虽然完全认清自己比较困难，但心里抱着"认清自己"的心态，就会最大限度地减少失误。

我们可以教孩子仿效松下幸之助的方法问问自己："我最感兴趣的是什么？""我想做些什么？"在孩子与自我心灵的对话中初步认识自己，给自己一个浅显的定位。

孩子能够正确地认识自己，需要家长也能客观地认识孩子。我们很多家长常受外界的种种影响，而找不到孩子成长的方向，我们常把自己未完成的理想和愿望强加在孩子身上，希望他去弥补我们自己的遗憾,从某种意义上说,我们总是自私地希望孩子去实现我们自己的想法。而我们似乎很少问孩子:"你的兴趣是什么?""你的理想是什么?""你现在最想做什么?"

帮助孩子找准人生的起点和方向,需要家长放下那些"自私"的"寄托",给孩子发现和认识自我的空间。

找准人生的起点,还需要看清孩子的长处和优势。诺贝尔化学奖获得者奥托·瓦拉赫,曾经在文学之路和艺术生涯中一无所成,然而他对化学研究情有独钟,在着力于化学研究之后,他智慧的火花被点燃了,最终获得了诺贝尔化学奖。

奥托·瓦拉赫的成功告诉我们,尺有所短,寸有所长。只有找准孩子的长处和优势,才能避免走弯路并充分挖掘潜力,这是能够帮助孩子走向成功的重要前提。

帮助孩子定位自我,既要让孩子充满自信地认识自己的优点和长处,还要避免孩子过度自信导致的自负。自负会使孩子的心胸变狭窄,在与他人相处的时候不容易建立良好的人际关系,从而不利于孩子身心的健康发展。只有正确认识自己,找准人生的起点,才有可能迈向成功。

相信自己，你比想象中更优秀

> 如果有坚定的自信的话，任何人都能比平常的表现更好。
>
> ——哈佛大学心理学家 罗伯特·贝特尔

哈佛人认为，每个人都是一座宝藏，都有不可估量的价值。每个人身体里蕴藏着巨大的潜在能量，等待着我们自身去挖掘。一旦我们能够发现并发掘出这种力量，每个人都将变得更优秀。

哈佛大学心理学家詹姆斯研究人的潜能开发时得出一个结论：普通人只开发了自身蕴藏能力的十分之一，与应当取得的成就相比较，我们的能力不过是在沉睡，我们只利用了身心资源中的很小的一部分，甚至可以直接说是荒废。

也就是说，我们每个人都可能比自己想象的更加优秀，谁也不知道我们自己究竟有多伟大。这是因为，一个人的价值有时候是显性的，然而更多的时候是隐性的，只有我们相信自己，不断突破自己，激发自己的无限潜能，我们就会发现一个更加优秀的自己。

人，从来不是被别人打败的，真正的敌人往往是自己。

相信自己是成功的第一个秘诀。自信比金钱、权势、地位更重要，它是人生最可靠的资本！哈佛大学的学子们都深刻明白这个道理，并用实际行动积极地证明：优秀源于对自己的无限相信。

○ **哈佛男孩教养手札**

　　这个世界上并不存在真正意义上的天才，每个孩子都是一个有待挖掘的宝藏，父母的帮助和激励将决定宝藏的开发程度。因为，詹姆斯通过研究还发现：一个没有受到激励的人，能发挥其能力的20%～30%，而当他受到激励时，其能力发挥可以至80%～90%。可见，在发掘自己潜能的路上，父母的激励对孩子的作用有多么重大。而家庭教育的责任就是帮助孩子发现一个更优秀的自己。

　　激励孩子，要常对孩子说能带给他正能量的话，比如"你将会成为了不起的人！""别怕，你肯定能行！""只要今天比昨天强就好！""你一定是个人生的强者！""你是个聪明的孩子，成绩一定会赶上去的。"类似这样的话，给孩子积极的心理暗示，能很好地激励孩子，从而使他相信自己。例如，在孩子参加讲故事比赛之后，告诉孩子"今天你勇敢地表现了自己，你是好样的！"

　　除了语言的激励，家长还可以适度给予孩子物质奖励。但在奖励的时候，一定要跟孩子说明奖励的原因。奖励的原因应针对具体的行为和事情,而不是针对人。

　　让孩子相信自己,相信自己是优秀的,这需要父母"润物细无声"的教育与引导。有时候,适当地为他制造取得成功的机会:让他独立做一件容易完成的家务活,游戏时适度地降低规则……这样让孩子获得一点一滴的成功体验,一点一点地积累兴趣、信心,假以时日孩子就有了前进的动力,这样才会更相信自己。

　　此外,在日常生活中,父母与男孩交流的时候,要有意地告诉他,在人的一生中不可能一点挫折都没有。让孩子学会正视和勇敢地面对挫折和困难,因为要达到某一种成功只有战胜这个挫折才可以达到,让孩子树立起这种观念,即使孩子在碰到一些问题时,他也能够客观、平静地对待,而不会去怀疑自己的能力。如果他对自己的能力存在严重怀疑和不信任,那么他终其一生也无法成就辉煌的事业。

战胜恐惧，发现自己的潜能

> 真正的勇气并不是摆脱恐惧或免于失败，而是即使恐惧也仍然前行。
>
> ——哈佛教授 沙哈尔

哈佛大学教授凯洛金曾说，恐惧的产生大多源于不自信，对自身能力产生怀疑。其实，只要自信一点，就能激发自己的潜能，让结果发展得更好。

哈佛大学儿童发展研究中心的专家做过一份关于儿童心理恐惧的调查。调查结果显示：在正常情况下，90%以上的儿童存在着不同程度的恐惧心理，40%左右的儿童至少对一种事物感到恐惧害怕，43%的儿童则有7种以上事物让他们感到恐惧。

让孩子感到恐惧的有：打雷、鞭炮声、影子、黑、动物、上学、考试、被批评、独自在家、独自睡觉、坏人、走丢、警察、说话、陌生人……

有些恐惧可能会帮助孩子更好地保护自己、约束自己。但过度的恐惧会导致孩子什么事情都不敢尝试，甚至于忧郁。因此，让孩子战胜恐惧，才有利于其更好地成长。

○ 哈佛男孩教养手札

事实上，人的恐惧主要来自自己的内心。

哈佛大学的心理课上有一个经典的实验：

首先，心理教授让10个人穿过一间黑暗的房子，在他的引导下，这10个人皆成功地穿了过去。然后，心理学家打开房内的一盏灯。在昏暗的灯光下，这些人看清了房子内的一切，都惊出一身冷汗。

这间房子的地面是一个大水池，水池里有十几条大鳄鱼，水池上方搭着一座窄窄的小木桥，刚才，他们就是从这座小木桥上走过去的。

心理学家问："现在，你们当中谁还愿意再次穿过这间房子呢？"没有人回答。过了很久，有三个胆大的人站了出来。

其中一个小心翼翼地走了过去，速度比第一次慢了许多；另一个颤颤巍巍地踏上小木桥，走到一半时，竟只能趴在小木桥上爬了过去；第三个只走几步就一下子趴下了，再也不敢往前移动半步。

很显然，哈佛的这个实验告诉人们：环境是一样的，能否顺利通过那座桥，取决于是否能战胜自己内心的恐惧。有时候，成功就像通过那座小木桥一样，失败恐怕不是力量薄弱、智力低下，而是周围环境的威慑。面对险境，很多人因恐惧而失去了平静的心态，慌了手脚，乱了方寸。恐惧足以摧毁一个人的能力、才能和潜力。

要让男孩从小具备战胜恐惧的勇气，就得让他直面恐惧源。反复地接受恐惧的刺激，强迫他逐渐适应这种刺激，才能逐渐消除他的恐惧心理。

对于孩子害怕的事物或事情，不能逃避，要让孩子面对它、走近它。比如，初学游泳的人，对水都有一定的恐惧。要想克服对水的恐惧，只站在水池边往下看是不行的，最好的办法就是与水亲密接触，去适应它。在这个过程中，恐惧感会慢慢消失，反复练习之后，对水的恐惧就不复存在了。

当然，任何事都不是绝对的。如果孩子对"蛇"等有杀伤性的动物感到恐惧时，是不能强迫他去面对恐惧，强行"接触"有可能会给孩子造成更严重的心理阴影。不如，先引领孩子去认识它、了解它，当孩子对这类事物有一定程度的了解后，会发现那些令他感到恐惧的动物也都是生命体，这样，孩子的知识面扩大了，能正确看待了，恐惧感也会随之减弱。

所有哈佛学子的成功都告诉我

们：战胜恐惧的过程其实是战胜自我的过程。让男孩战胜恐惧，一切尽在家长的正确引导。只有帮他战胜了恐惧，他才会充分相信自己，进而最大限度地发挥出自己的潜能。

战胜自卑，你并不比别人差

> 对于凌驾于命运之上的人来说，信心是命运的主宰。
> ——哈佛学子　海伦·凯勒

无法相信自己，甚至产生怀疑和自我贬低的情绪，那么这就是一个自卑的人。自卑者往往被一种消极沮丧的情绪笼罩，一方面自怨自艾，感觉自己处处不如他人；另一方面又拥有极强的自尊心，担心他人看不起自己，高度敏感、神经脆弱。

而自信是一种内在力量，它犹如人身体内的一个"发动机"，对自己充满信心时，你便从这个"发动机"上获得巨大的能量，相反，当你自卑而沮丧，不相信自己，甚至怀疑和苛责自己时，这个"发动机"便无法启动，人也就会变得无助。

哈佛大学的心理学专家告诉我们，人人都有自卑心理，没有人认为自己是完美的。然而，深陷自卑泥潭，则会陷入因自卑焦虑而无法专注于某件事情，最终失败，继而更加自卑的恶性循环。而战胜自卑的人，则在人生路上走得从容而快乐，这样才有可能成为一个自信的成功者。

自卑是心底最大的毒瘤。

一个人的成就与他的出身和贫富并没有太大关系，成功不是天才和伟人的专利，只要我们能够战胜自卑，树立起对自己的信心，就可以和伟人一样取得令人瞩目的成就。

○ **哈佛男孩教养手札**

自我心理学大师阿德勒认为，每个人都有着不同程度的自卑感，因为我们总是希望改变当前所处的境况。如果我们一直带着这种自卑感去生活，自卑就会变成我们精神生活中长久的枷锁。在这种情况下，这种自卑感就会演变成"自卑情结"。

我们往往会看到自卑的孩子令人揪心的一面：不敢大声说话，不苟言笑，常常独自一个人在某个小角落里默默注视着他人，其实他们心里也渴望得到别人的关注，然而，自卑的心理却让他们抬不起头来。

如果发现孩子有自卑倾向，首先要让他敢于面对、正视这个问题。清楚地告

诉他：每个人都存在自卑，不仅仅是你一个人有自卑感，那些看上去自信又开朗的人也有令他们自卑的一面，然而，是让自卑捆住手脚，还是战胜自卑不断完善自我，这完全取决于自己要怎样做。

在这个问题上，父母无私的爱对男孩来说是战胜自卑的强大力量。当他为自己的缺点和不足感到沮丧时，看到父母并没有因为自己的不佳表现而减少一分对自己的爱，看到即使有缺点也依然得到父母无差别的爱。这种爱的力量会潜移默化地影响到男孩对自己的看法，父母就像一面魔法镜，让男孩子看到一个"即使如此也依然可以被爱"的自己，让他对缺点和不足并无心理负担，便可以克服内心的自卑。

除此之外，父母可以在言行举止等细节中给孩子一些积极的影响和引导。哈佛心理学家这样说："人的姿势与人的内心体验可以相互促进。"一个人有信心、有力量便昂首挺胸，没有信心、没有力量就无精打采，垂头丧气。学会自然的昂首挺胸，就会逐步树立信心，提高信心。

让男孩儿始终保持昂首挺胸的姿势。观察周围的人、成功的人、得意的人，获得胜利的人总是昂首挺胸，意气风发。昂首挺胸是富有力量的表现，是自信的表现。而那些遇到挫折而气馁的人，垂头是失败的表现，是没有力量的表现，是丧失信心的表现。另外，眼睛是心灵的窗口，一个人的眼神可以折射出性格，透露出情感，传递出微妙的信息。不敢正视别人，意味着自卑、胆怯、恐惧；躲避别人的眼神，则折射出阴暗、不坦荡的心态。正视别人等于告诉对方："我是诚实的，光明正大的；我非常尊重你，喜欢你。"因此，正视别人，是积极心态的反映，是自信的象征，更是个人魅力的展示。

闲暇之余，也可以引导孩子多想想自己得意和成功的事。例如，作业完成得很好，跑步取得了冠军……

父母还要和孩子一起笑。人的面部表情与人的内心体验是一致的。笑是快乐的表现。笑能使人产生信心和力量；笑能使人心情舒畅，精神振奋；笑能使人忘记忧愁，摆脱烦恼。学会笑，学会微笑，学会在受挫折时笑得出来，以此来提高自信心。当孩子逐渐养成经常微笑的习惯，他就会觉得充满了信心和力量。

自信的男孩总是让"发动机"运转着，源源不断地获得能量，不会消极沮丧，只会勇往直前，即使碰到问题，也能够视其为人生的挑战，当作一次锻炼自己提升自我的转机，从而闯过一道道关口，最终到达成功的彼岸。

自我暗示，你可以做得更好

> 积极的自我暗示就是自我肯定，是对某种事物的有力、积极的叙述，这是一种使我们正在想象的事物坚定和持久的表达方式。这是一种强有力的技巧，一种能在短时间内改变我们对生活的态度和期望的技巧。
>
> ——哈佛大学教授 罗森·塔尔

美国田纳西州有一座工厂，许多工人都是从附近农村招募的。这些工人不习惯在车间里工作，总觉得车间里的空气太少，因而顾虑重重，工作效率非常低。后来厂方在窗户上系了一条条轻薄的绸巾，这些绸巾不断飘动着，暗示着空气正从窗户里涌进来。工人们由此去除了"心病"，工作效率随之提高。

拿破仑要翻越阿尔卑斯山时，英国人和奥地利人都嘲笑他是疯子，但拿破仑做到了，因为他相信自己。

投资大王巴菲特有两条最基本的原则：一是不许失败，二是记住第一条。他用"不许失败"来暗示自己，把自己逼到"必须成功"的"绝路"上。

暗示具有巨大的力量，尤其是积极向上的暗示，会播种积极的种子，进而在心中形成"我能行"的意念，使自己离成功近一些。给予自己恰当的心理暗示，做任何事的时候都会充满力量。

暗示是一种力量，当向上的信念指引你一生的行动时，你所向往的所有高度都能抵达。

○ **哈佛男孩教养手札**

有位心理学家说过这样一句话："具有主动意识自信的人，会长期进行积极的自我暗示，经常进行积极暗示的人，会把每一个难题看成是机会和希望，他会离成功较近。"

由于男孩们正处在心理发展和人格形成的关键时期，他们具有巨大的发展潜力，可塑性强，由于他们的心理还不成熟，自我调节能力较差，而控制自我的水平较低。而且自我意识还处于萌芽状态，极易因环境等因素的影响形成不健康的心理和人格特点。所以在教育孩子时，要更多地给予他积极的心理暗示。

当然，要做到这一点，需要家长能够保持积极的心态，当孩子遇到挑战或挫折时，家长保持积极乐观的心态面对孩子，而不要用消极的话去刺激孩子本来就敏感的自尊心，比如"我就知道会这样的""没关系，你换个别的事情做"，甚至说"你还能干些什么""我说过你干不了"，这些负面评价会给孩子非常消极的暗示——原来我在父母心中就是这样没用的，不值得信任的，不被看好的。得到这种心理暗示的孩子是不可能建立强大的自信心的。

而孩子在之后的生活中，每当面对问题和挑战时，那些消极的评价就会在耳边响起——"你不行的""你干不了的"，结果孩子就真的没有自信和勇气面对问题，迎接挑战。

同样的道理，我们采用相反的做法，给孩子积极正面的暗示，这样可以帮孩子建立自信心。在孩子自己没有信心的时候，能够坚定地告诉他："我就知道你肯定有兴趣试一试。""我相信你能干得不错。"这时孩子也会给自己积极的自我暗示。

孩子学会了积极的自我暗示，就会调动全身心的各种潜能，朝着既定方向前进。在奋斗的过程中遇到困难和挫折的时候，他会进行自我暗示："我很棒，我是最好的，我有比其他人优秀的地方，我这方面做得比较好""我能行""我能做好"。

这样的自我暗示必将为孩子增添战胜困难的勇气，增强孩子的自信心，孩子的心态也会随之平稳，也就更容易成功。长此以往，孩子会变得坚强和勇敢，能够克服任何困难。

对于男孩的成长来说，自我暗示是另一种必要的阳光，它自身孕育希望的种子，最终将引领他走向充满希望的未来，引导他无论何时、何地都可以做得更好。

第三章
哈佛自主能力：
让男孩学会独当一面

综览哈佛精神，其中最重要的一点就是培养独立自主能力，自主能力，这就是人生成功的基石，基石越大，成就越高，正所谓"其作始也简，其将毕也必巨"。

拥有远见，让你在10年后无可替代

> 世界会向那些有目标和远见的人让路。
>
> ——香港著名推销商　冯两努

哈佛大学的艾德华·班费德博士曾经在20世纪50年代做过一项长期的调查，他想要知道一件事，要如何预知一个人或一个家庭是否能进入上流阶级，并且让下一代变得比上一代更富有？

答案在数十年的跟踪研究后揭晓，就是所谓"拥有远见"的有钱人在孩子刚出生的时候，就已经帮孩子设想到从幼儿到读大学的经费，规划孩子的未来。例如，想要成为医生，就必须用功读书，考上医学系之后，还要读七年的医学养成教育，从实习医师到住院医师再到总医师再到主治医师。如果要创业成功，则必须每天工作14小时以上，不眠不休，付出极大的辛苦，缩衣节食，为了未来的成功，而牺牲现在的物质享受。

如果说这世界上真的有成功法则，那么这是最质朴的法则。它告诉我们，成功必须有远见，因为有一项同样著名的研究理论——10000小时法则，是说一个人专注在一件事情上，钻研

10000小时，就可以成为专家。如果你想成功，那么就要在付出这10000小时之前树立目标，并从此为之坚持奋斗。然而，能够在当下规划出10000小时努力计划的人，我们称之为有远见的人。

发展意义上的人生的成功靠什么？每个人可能有不同的解释，但是最重要的成功特质是远见，是对未来最为正确和敏感的预测，是对人生的正确规划并且为之奋斗的过程。试想，把握住未来发展的方向，还有什么是你做不到的呢？

○ **哈佛男孩教养手札**

中国的传统教育侧重于按部就班地教孩子学习具体内容，要求孩子按照教学大纲学习好应该掌握的知识，家长往往按照自己的意愿来设计孩子的未来，家长希望孩子将来干什么，然后就逼着孩子往自己希望的方向努力，忽略或者违背孩子自己的意愿，导致孩子被动地接受大人的教育和辅导，这样，既不能激发孩子追求上进的信心又无法提高孩子独立自主的能力。作为父母，我们可以引导，但不能强迫，要养成孩子自己规划自己人生道路的能力，力求激发孩子潜力，让他按照自己的意愿、规划并独自完成自己喜欢做的事情。

父母说教或者灌输式的教育方法只会耽误孩子，要用引导或者分析的方法让孩子学会独立思考、独自分析，形成孩子的自我观念，激发孩子内在学习、奋斗的动力。只有自己感兴趣的东西,孩子的潜能才能最大程度被激发出来,而每完成一件小事,都会给他带来成功的喜悦,家长的及时鼓励和表扬,将促使他向更高的目标奋斗,如果孩子形成这样的品质,就证明父母的教育是成功的。

父母是孩子最好的老师,父母的言传身教对孩子有着更深远的影响。所以我们作为父母,对事物的分析要尽可能客观,符合发展规律,这样可以培养孩子正确认识自己、认识世界的能力,形成孩子正确的世界观、人生观。要和孩子多谈理想,包括你自己的人生目标,你是如何规划自己的人生,并且计划怎样去奋斗,激发孩子对自己未来的思考与判断,培养他着眼于长远考虑问题的能力。

在孩子的面前,切忌表现出急功近利的思想,孩子考试退步了,要帮他分析原因,而不是说下次考试你必须前进到第几名。要在平等的基础上,客观分析孩子考试失利的原因,然后帮助他制订学习计划,制定进步目标,目标规划得既切实可行,又有长远打算。培养孩子着眼长远考虑问题的能力,就要让孩子有"看一叶落而知天下秋"的理念。在日常生活中,要注意对生活的规划和落实,比如制订旅游计划,然后按时落实,让孩子懂得规划自己的生活,对未来的生活充满期待和热情。

我们现在的生活就是过去努力的结果,而我们现在的努力,决定我们未来的生活品质。哈佛图书馆的墙上有这么一句话,

"此刻打盹,你将入梦,此刻学习,你将圆梦"。从事物发展的规律来看,今天所做的一切,决定了你明天的成就。而你对未来有一个准确的预期,将会让你得到事半功倍的效果。10年前,格雷·罗伯塔通过分析判断,认为苹果公司将会飞速发展,于是他把自己多年的积蓄全部买了苹果公司的股票,10年后,他成了亿万富翁。

拥有远见,就是让你的孩子赢在起点。我们常说不要让孩子输在起跑线上,可是,什么是起跑线,是一流的幼儿园还是一流的小学,又或是重点初中重点高中?其实都不是,培养孩子富有远见的特质,才是"决胜千里之外"神秘武器,那才是真正的赢在了起跑线上,长远的眼光会让你的孩子10年后无可替代。

有主见,敢于说出你的观点

> 人要忠于自己,不要老是顾虑别人的想法,或总是想取悦他人。生命的可贵之处就在于按自己的想法生活,做你自己。
>
> ——哈佛格言

我们都知道,哈佛培养了30多位诺贝尔奖获得者,数位美国总统及数以万计的社会精英,分析每一位成功人士的特点,都不难发现他们总是那些做事有主见,敢于说出自己的观点,并且能够通过自己的表述,去征服、赢得别人的理解与支持的人。

客观来说,有主见,就是对外界事物要有自己独立的认识和判断,不人云亦云,随波逐流。由于每个人所处的社会环境不同,对同一件事情人们可能会有不同的认识,正是这种不同的认识,具体到每一个个体的身上,那就是他们自己的观点。有自己认识事物的方法,有自己考虑问题的思维方式,才能形成符合自身认识的思想。思想独立,才是一个人独立的前提,有自己的主见,敢于表达自己的观点是一个成功人士必备的基础品质。

一棵树，无论从哪一个方向看，它都是一棵树，但是，一个人，在孩子眼里就是父亲，在父母眼里又是孩子，在领导眼里是下属，在下属眼里又是领导，所以凡事很难有统一定论，谁的"意见"都可以参考，但永不可代替自己的"主见"，不要被他人的论断阻碍了自己前进的步伐。追随你的热情、梦想，它们将带你实现梦想。遇事没有主见的人，就像墙头草，东风西倒，西风东倒，没有自己的原则和立场，不知道自己能干什么，会干什么，自然与成功无缘。

○ **哈佛男孩教养手札**

哈佛的教授们曾经做过这样一个实验，让相互不认识的人组成几个小组，随意闲聊，后来发现，过一段时间每个小组里都会出现一个核心人物，其他的人围绕他的话题或者意见进行讨论。这些人是天生就具有领袖气质吗？答案是否定的，任何优秀的品质都可以在后天的成长中养成和培养，培养有主见的孩子，让他敢于表达自己的观点，需要从生活中的点点滴滴做起。

在生活中要给孩子权利，让他充分表达自己的意愿，尊重孩子的自主选择，培养孩子自己拿主意的能力。我们常在教育中犯的错误就是以"听话"和"顺从"为目标，殊不知家长只注意了"听话"，却忽略了孩子的独立性发展。家长总是不能意识到孩子已经具备了自我表达的能力，即使在孩子的幼儿时期，甚至还不会说话时，孩子对事物的判断也有自己的观点。如果我们注重引导的话，孩子会越来越善于表达自己的意见，也就越容易形成自己独立的观点。如果我们总是对孩子的意见不屑一顾，总是认为自己的做法比孩子高明、保险，而把自己的意志强加给孩子，不考虑孩子在独立做出决定和处理事情时的那种宝贵的信心和热情，就扼杀了孩子独立自主表现自己的欲望。如果时间长了，还可能导致孩子沉默寡言，不善言辞，不喜欢和别人交往，那我们就成了彻底失败的家长。

珍妮是美国一个普通的家庭主妇，一天晚上，她和儿子正在看电视，邻居来访，邻居带了两个孩子过来。大人正在说话的时候，三个孩子吵起来了，原来邻居的两个孩子要看另一个频道，而珍妮的孩子不让看，珍妮说她儿子："你太自私了，他们是两个人，你是一个人，你应该让着他们啊！"儿子委屈地换了频道。等邻居走后，儿子问她："妈妈，两个人的自私就一定比一个人的自私更应该得到尊重吗？"珍妮想了想，对儿子说："妈妈说得不对，他们是客人，我们是主人，在我们家里，我们要懂得照顾好客人。"注重平等沟通，这样的孩子将来一定是一个有主见的孩子，他能提出"两个人的自私就一定比一个人的自私更应该得到尊重"的问题，已经说明他具备了独立思考问题的能力。

我们要有这样一种理念，不怕孩子说错话，就怕孩子不说话，和孩子平等沟通，注重塑造孩子的主观独立意识，尊重孩子对事物的看法。因此，在涉及孩子的事情时，建议家长多说这样的话："你是怎么认为的？""这事由你决定。""不管你怎么想，这由你选择。"而一旦孩子有了自己的意见，你就必须让他按照自己的意愿去落实、执行，要让他认识到每一个人都需要对自己的想法负责。当然，由于年龄、经验所限，孩子在自主安排生活时需要父母的帮助和引导。比如，在孩子对衣服的质量、式样或价格有足够的了解之后，再让他一个人去买衣服；他对学校的基本课程和对职业的要求缺乏深刻认识之前，也不要完全随他的意愿选择学校。在这些事情上可征求孩子的意见，允许他们有发言权，但又要给他充分的建议。这样的锻炼，既能培养孩子独立思考，形成自己观点的能力，同时又提高了孩子的语言表达能力。当然，培养孩子成为一个有主见的人，不是一蹴而就，需要我们家长长期的有意识引导。因此，在孩子的成长过程中，我们家长要善于引导和培养，让你的孩子敢于说出自己的观点。

自立自强,没有人替你成长

世界上最坚强的人就是独立的人。

——易卜生

在自立意识中,要尊重个人价值、个人尊严。每个人都有价值,应该按照本人的意愿和表现来对待和衡量。在家庭里,再小的孩子也应该和大人一样受到尊重。成年后,他们可以对自己的人生按自己的意愿做出选择,并对自己的生活遭遇负起责任。

在自立意识环境下成长起来的孩子,对生活有着更坚强的掌控能力,固然他们会因为自己的年轻莽撞而犯下错误,然而他们也同样为自由和激情而尽享青春。他们在这个过程中享受成长的快乐,并逐步走向成熟。

在他们的意识中,能够依靠自己的能力生存是最值得骄傲的事情。他们并不以攀比父母的财势和地位来获得自己的存在感,在他们看来,那是不能够自立自强的无能表现。

自强自立是人生的一个基本出发点,依靠自己的努力去收获属于自己的成功,这本身就是一个成长和奋斗的过程。

○ **哈佛男孩教养手札**

"独立自主"是美国青少年教育的"传统",在这种教育理念的培育下,美国的青少年自立自强意识都比较强。他们没有依靠父母的意识,甚至他们无法接受那些不能自立自主,需要依靠他人生存的人。如果他们大学毕业找不到工作,他们宁愿降低自己的标准以解决自己的生存问题,也决不向父母伸手。

再让我们来分享一个哈佛教授的故事:

一个1周岁左右的小男孩,和年轻的妈妈去公园玩,他们来到公园的广场前,要上十几个台阶。小男孩挣脱妈妈的手,要自己爬上去。他手脚并用地向上爬,他的妈妈看了一下,并没有去抱他,也没有跟着他。

当爬上两个台阶时,他可能感到台阶很高,回头看了一眼妈妈,想让妈妈去抱。可是,他妈妈却没有去扶他的意思,只是眼睛里充满了慈爱和鼓励。小男孩又抬头向上看了看,他这时放弃了让妈妈抱的想法,还是手脚并用地向上爬。

他爬得非常吃力,小屁股翘得很高,小脸蛋也累得通红,身上的衣服也沾满了土,小手脏乎乎的,但他最终爬上去了。年轻的妈妈这时才上前拍拍儿子身上的土,在那通红的小脸蛋上亲了一口。

　　这个小男孩,就是后来美国的第16届总统亚伯拉罕·林肯。那个年轻的妈妈便是南希·汉克斯。林肯的父亲是个农民,家境极为贫穷。林肯断断续续地接受正规教育的时间,加起来还不足1年,但林肯从小就养成了自立自强的好品质。在上学的时候,他买不起纸和笔,就用木炭在木板上写字,用小木棍在地上练字。他独自一人对着森林演讲,练习口才。林肯失过业,做过工人,当过律师。他从29岁起,开始竞选议员和总统,在他51岁那年,他终于问鼎白宫,并取得了辉煌的业绩,被马克思称之为"一位全世界的英雄"。

　　让1岁的孩子独自爬台阶,爬出来的就是一位美国总统,在平坦的大道上还不敢放手让孩子走的是忧虑过度的父母。父母的决定关系孩子的未来,给孩子更多的独立做事的机会,让他自己成长,放手让他去飞翔,他的人生舞台将会更广阔。

明确人生方向，带着目标做事

> 目标的坚定是性格中最必要的力量源泉之一，也是成功的利器之一，没有它，天才也会在矛盾无定的迷途中徒劳无功。
>
> ——英国作家 切斯特·菲尔德

美国脱口秀女王奥普拉在一次哈佛大学毕业典礼的演讲中，告诫那些即将走向工作岗位的学子们，在竞争激烈的社会中，你需要有一张响亮的名片来告诉他人你是谁。然而，对于用人企业来讲，相对于知道你是谁而言，他们更希望了解你想成为谁，为什么要做这样的事。因为，当人们根据你的故事来审度你的时候，就不会只关注于你的简历和头衔，他们会更多地关注你想去做的事情本身的意义和价值。他们要通过你对未来目标的确定来衡量你是否能够在接下来的工作中与他们同行。

不是每个人一出生就很明确自己的人生轨迹，甚至在我们做出很多足以影响一生的重大决定时，我们都还没有明确自己的人生方向，但至少，我们在寻找这一方向的途中，至少我们走在这条路上，并在努力印证、寻找，为了找到并坚持这个方向，我们才无怨无悔地去做很多的努力。

目标之所以对人生那么重要，是因为人性中有懒惰和盲目的一面，一个人如果缺乏明确的目标和追求，就会缺乏灵魂和主心骨，容易变得随波逐流、无所事事；从另一个方面来讲，一个人的时间和精力毕竟是有限的，如果没有明确的奋斗目标，做起事来就不够专注，要么是浅尝辄止做事不能精深，要么是顾此失彼，最终结果必然是一事无成。

○ 哈佛男孩教养手札

目标是孩子成长的动力，是他的理想和希望所在。对于孩子们的理想和人生目标，家长应该给予孩子更多的是鼓励和支持，孩子们的目标是千差万别的，有的孩子的目标是当医生，而有的是当领导，无论他有什么样的人生目标，家长都应该给予肯定，即便你的孩子的目标是长大以后去放羊，也不可否定他的目标，说不准以后他就是一个能够发"羊"财的成功人士。家长所要做的就是，培养孩子的目标意识，并且有计划地鼓励、帮助他向着自己的目标迈进。

目标意识将决定人生的高度。有一位记者在一个建筑工地上去采访了三个建筑工人，他问了三个人一个相同的问题——"你在干什么？"第一个工人头也不抬地说："我正在砌一堵墙。"第二个工人说："我正在盖房子。"第三个工人说："我正在为人们建造漂亮的家园。"记者觉得三个建筑工人的回答很有意思，就写在了记录本上。

几年后，记者在整理过去的采访记录时，突然看到了这三个回答，三个不同的回答勾起了他的回忆，让他产生了强烈的欲望，想看看这三个工人现在是什么状况。当他找到这三个人的时候，他大吃一惊。第一个建筑工人现在还是一名建筑工人，仍然像从前一样在砌着他的墙；第二个工人现在是拿着图纸的设计师；至于第三个工人，他现在成了一家房地产公司的老板，前两个工人正在为他工作。

一个人的目标直接决定了他将来的前途，培养孩子的目标意识和行为习惯，养成孩子制定目标并且按照目标要求做事的习惯，这样就为孩子一生的成功打下了基础。

无论何时，勤奋都是通往成功的捷径

> 没有什么比无所事事、懒惰、空虚无聊更加有害的了。
> ——哈佛教授 马歇尔·霍尔

哈佛大学图书馆墙上的箴言或许是对勤奋与成功关系的最好诠释："此刻打盹，你将入梦；此刻学习，你将圆梦。""只有比别人更早、更勤奋地努力，才能尝到成功的滋味。"

在哈佛大学的学生餐厅，很难听到说话的声音，每个学生端着比萨、可乐坐下后，往往边吃边看书或是边做笔记。在哈佛，餐厅不过是一个可以吃东西的图书馆，是哈佛正宗 100 个图书馆之外的"另类图书馆"。

成功没有捷径可走，在哈佛也没有例外，唯有勤奋，才是通往成功的捷径，这就是哈佛享誉世界的真正原因。

付出多少汗水，就会收获多少成功，勤奋才是通往成功的唯一捷径。

○ **哈佛男孩教养手札**

哈佛教授一直这样告诫学生们，懒惰是人类共有的劣根性，为了做成某件事，我们一直在与其抗争。我们时而成功时而失败，但却从未停止。如果我们长期以来保持着这种与懒惰抗争的激情，久而久之，我们便形成了一种恒定的精神和行为习惯，我们把它叫作勤奋。

人一旦拥有了勤奋这种习惯，便可以多拥有一分稳定的愉快心情，因为人一旦专注于某一件事情时，意念会高度集中，恶劣的情绪便没有机会潜入，更没有停留盘旋的空间。所以，克服懒惰最有效的办法就是想办法让自己忙碌起来。

马歇尔·霍尔博士说过："没有什么比无所事事，懒惰，空虚无聊更加有害的了。"对于懒惰的人来说，要成大事，几乎是不可能的。如果我们想要培养出众的人才，就需要从小培养勤奋的习惯。

勤奋的养成需要坚持，从一点一滴的细节坚持，如果要培养孩子读书的习惯，那么就要在每天规定一个读书时间，不管当天的生活安排在时间上有任何的冲突，也要克服一切困难将这个事情坚持到底，这样长期坚持并养成习惯后，孩子每到这个时间点就会进入精神思考的状态。

日常生活中，也要培养孩子自己动手，立即行动的习惯。帮助他克服困难和惰性，让他明白，想到更要做到，去做，才是有所收获的最终途径。

在哈佛，所有的学子都明白这样一个道理：懒惰的人缺少行动，他们是思想的巨人，行动的矮子！不同的行动导致不同的结果。当别人还沉浸在甜美的梦乡中时，当别人还觉得成功遥遥无期时，如果你已经觉醒，并开始行动，那你就领先了一步，在渴望成功的队伍中，你已经冲在了前面。

成功的路上没有捷径，只有为目标坚持不懈地努力，才能到达光辉的顶点。所以，你想要成功就要勤奋，需要比别人付出更多的汗水。

把你的精力集中到一个点上

> 一个人的精力是十分有限的，把精力分散在好几件事情上，不是明智的选择，也是不切实际的做法。
> ——哈佛格言

在哈佛的讲台上，那些蜚声中外的教授常常善意地提醒学生：一个人的精力总是有限的，如果把有限的精力分散到喜欢的好几件事上，你将一事无成。选择太多的事情做，不是明智的选择，是不切实际的做法。一个人，对许多事情都感兴趣是正常的。但是，通常情况下，只有专心才能做好一件事情，才能有所收益，才能突破人生困境。而那些总是同时想做很多事情的人，反而一件事情都做不好。

把精力集中到一个点上，始终围绕一个目标，投入自己全部的时间和精力，才能取得人生的成功。李斯特在听过一次演讲后，非常渴望成为一名伟大的律师，他把一切精力和时间投入到法律的学习和运用中去，再无心去关注其他事情，最终他成为美国最伟大的律师之一；林肯一心想要解放黑奴，他把自己的一生都献给了这项事业，因此成为美国历史上最伟大的总统；爱迪生专注于各种发明，他一生的大部分时间是在实验室里度过的，最终他被世人誉为"发明大王"……这些成功者的经验告诉我们："专心"就是把意识集中在某一个特定梦想上的行为，并一直集中到找出实现这个梦想的方法，而且坚决地付诸实际行动。不要让孩子的精力转移到别的事情上去，让他专注于已经决定的那个重要项目，放弃其他的事。这样，你孩子获得成功的概率就会更大。

生活中，有的人每天都会做很多事，可是没一件事能做到出类拔萃；有的人一生做了很多事，却没有一件让他功成名就。这是为什么呢？哈佛大学的教授们常常教导学生说："做事的数量是一回事，做事的质量和成效又是另一回事。如果我们10件事都做不好，那么就把精力集中到一个焦点上，专心做一件事情吧。"

○ **哈佛男孩教养手札**

好动是男孩的天性，男孩往往是动动这个，玩玩那个，对什么都感兴趣，但是，做什么事似乎都很不专心，虎头蛇尾，没有专注的精神。在培养男孩集中精力这件事上，往往需要付出比教育女孩更多的心血。我们要从孩子的兴趣爱好入手，培养他专注于某一件事的耐心，从小就要培养他集中精力做事的习惯。

搭积木或拼插乐高的游戏都能够很好地帮助男孩培养专注

力,它需要耐心、细心和坚持。当然,调皮的男孩常常会在中途要放弃,这时父母要多多提醒他,强调搭好的画面有多吸引人,明确他的目标意识,鼓励他现在搭得很好,已经完成到了什么程度,如果再坚持一下就能够看到一个什么样的结果。这样鼓励男孩坚持下去,久而久之,男孩就能够适应这种长时间专注的游戏,并从中获得乐趣。

通过生活中的小事情,培养孩子专注于某一件事的习惯。让孩子从生活中的具体事情做起,养成专注的习惯,无论玩耍还是学习或者是做事,都要培养他有始有终,专注做事的好习惯。

每一个人的精力都是有限的,有所放弃,有所专注才能有所选择,只有将精力集中到一个点上,才能成就一番事业。培养小男孩的专注精神,是成就他一生事业的前提。

责任，成就一个人的伟大

> 每一个人都应该有这样的信心：人所能负的责任，我必能负；人所不能负的责任，我亦能负。如此，你才能磨炼自己，求得更高的知识而进入更高的境界。
>
> ——美国总统 林肯

人类社会是按照自身规律向前发展的，人作为社会中的个体，责任感就是对社会、对事业的负责精神，是一种勇于担当的精神。正是强烈的责任感造就了一大批社会精英，而他们之所以能够取得成功，也是与他们勇于负责，敢于担当的责任感是分不开的。苹果之父乔布斯曾经因一个不符合要求的螺丝帽而开除了一名能力出众的工程师，正是靠着这种强烈的责任感，他才能够让苹果公司成为世界上最知名的公司之一。

每一个成功人士，无不把责任看得重于泰山。美国前总统林肯曾这样说道，每个人应该有这样的信心：人所能负的责任，我必能负；人所不能负的责任，我亦能负。英国前首相丘吉尔也曾说过，高尚、伟大的代价就是责任。

其实，一个人能承担多大的责任，就能取得多大的成功。一人做事一人当，说的也是一种责任意识。

正是在这种高度责任感的驱使下，他们才赢得了令人瞩目的成功。"热爱是最好的老师"，"做自己想做的事"，这些话已经是耳熟能详的名言。但是，"责任感可以创造奇迹"，却容易被人忽视。对许多杰出人士的调查说明，只要有高度的责任感，即使在自己不喜欢或不理想的工作岗位上，也可以创造出非凡的奇迹。

○ **哈佛男孩教养手札**

客观来说，男孩的责任感比较好培养，因为男孩天生就有一种敢作敢当的勇气和气概，我们需要的只是鼓励他——任何时候都要像一个真正的男子汉。培养孩子的责任意识，就是培养孩子敢于担当的勇气。

有一个上小学的孩子格林，一天放学后哭哭啼啼跑回家了，还是学校的辅导老师把他送回来的，一见到妈妈，小格林哭得更凶了。

格林的妈妈问："怎么回事？"辅导老师说："放学了，在排队的时候，格林一直在队里跑来跑去，不好好站队，不知怎么就和一个学生打起来了，老师批评了他几句，他就哭着先跑回来了。"

"不，我没打他！"小格林哭喊道。

"您回去吧，我好好问问他。"小格林的妈妈对辅导老师说。

老师走后，妈妈对格林说："你告诉妈妈，到底是怎么回事？只要你是对的，妈妈是不会批评你的。"

小格林说："放学排队的时候，我在队里跑，不小心撞到了马克，马克就推了我一下，然后我打了他一拳，最后老师说我了。"说完，小格林就又哭了，还说，"是他先推我的，老师为什么说我呢？"

格林妈妈说："难道你一点责任都没有吗？""是他先推的我啊！"格林嘟囔道。

"如果你按照老师的要求好好排队，不乱跑，你能撞到别人吗？你没有撞到马克，马克会推你吗？"格林妈妈问道。格林不说话了。

"现在你再仔细想想，你一点责任都没有吗？你是男子汉，记住，不要把任何责任都推到别人身上！遇事仔细想一想，为什么别人会这样对你，是不是你做了什么不对的事情。"

最后，妈妈对儿子格林说了一句话："你得学会对自己的行为负责！"

格林后来成为世界上知名的物理学家。我们做父母的，就是要像格林的妈妈一样，一点一滴地教育孩子，要让孩子对自己的行为负责，做一个有责任心的男孩。强烈的责任感，才能成就一个人的伟大。

敢于推开那扇虚掩的门

> 勇气通往天堂,怯懦通往地狱。
>
> ——塞内加

我们在生活中总会碰到这样的事情,本来一件我们能够做到的事情,由于环境的变化,竟然让我们畏缩,裹足不前。就在前一段时间,公司组织拓展训练,在十几米的高处,有 2 个宽 30 厘米左右的横木板,中间有一个长约 80 厘米的空档,让你从这个木板跨到另一个木板上。要是在地上,每个人都会跨过去。可是,因为在空中,并且还系着安全绳,就是有很多人不敢迈步过去。这在生活中是一个普遍现象,针对这一现象,哈佛心理学教授进行了研究,最后得出结论:人们在做某件事情之前,首先会对自己发出一种心理暗示。就像上面那件事,人们会在心中进行自我暗示:我会掉下去。在这样的暗示作用下,他们会感到恐惧,害怕自己真的会掉下去,虽然事实并没有发生,但是,他们内心还是会隐隐不安。事实上,很多看似闯不过去的难关,只要全力以赴去努力,就肯定会成功。成功需要不懈的努力,更需要那种敢于推开那扇虚掩之门的勇气。

在我们前进的道路上，总会有这样或那样的"障碍"，我们是勇往直前呢，还是急流勇退？其实，只要你勇敢地伸手去推，就会发现，任何困难和挫折都像是那扇虚掩的门，并没有想象中的那么不可逾越，推开后，你会发现一个未知的世界，同样会收获一份未曾想到的成功。

我们的人生也是一样，在人生的道路上，我们时不时就会碰到一扇虚掩的门挡住去路。只要我们勇敢地去面对它、挑战它，发奋努力去克服它，那么我们就一定能够打开那扇虚掩的门，去发现门后的世界。

○ **哈佛男孩教养手札**

1968年，在墨西哥的奥运会100米短跑赛场上，美国选手吉·海因斯撞线后，转过身子看运动场上的记分牌。当指示灯打出9.95秒的字样后，海因斯摊开双手自言自语地说了一句话。可由于当时他身边没有话筒和录音设备，谁也不知道他说了些什么。

1984年奥运会前，有记者在翻看录像时看到这个镜头，他非常想弄清楚海因斯当时到底说了些什么。于是，他就去问海因斯，海因斯说他什么也没说，当记者让他看了录像后，他才说道："在1936年的奥运会上，欧文斯创造了10.3秒的百米赛跑纪录之后，医学界和运动学界得出结论，人类运动纤维所能承载的运动极限不会超过每秒10米，也就是说百米赛跑的最佳成绩不会少于10秒。于是我勤奋地锻炼,我想要知道,我究竟能不能跑进10秒以内。现在我可以告诉你,我当时说的是:'上帝啊,那扇门原来是虚掩着的!'"

是啊,在我们这个多彩的世界,很多成功的门都是虚掩着的。你的诚心会推开爱情那扇虚掩的门,你的智慧会推开财富那扇虚掩的门,你的执着会推开事业那扇虚掩的门。因此,在教育孩子的时候,我们一定要让孩子敢于推开那扇虚掩的门,去体验和享受门外的世界。

作为父母,我们希望孩子能够取得成功,教育孩子敢于推开那扇虚掩的门就是成功的第一步。要用爱心鼓励孩子,在孩子碰到学习的坎坷时,我们要鼓励他勇敢地跨过去。特别是分班,刚上小学或者刚上初中时,由于学习环境的变化,孩子的成绩总会有较大的变化,这个时候要鼓励孩子适应新环境,接受新挑战,攀登新高峰。曾经有一个在小学成绩非常好的男孩,靠自己的努力考上了重点初中,但是,初中的第一次考试中,他的成绩排名是班级后几名,全校后几名,小组倒数第一,寝室倒数第一。这个时候,男孩的父母首先不是责怪孩子,而

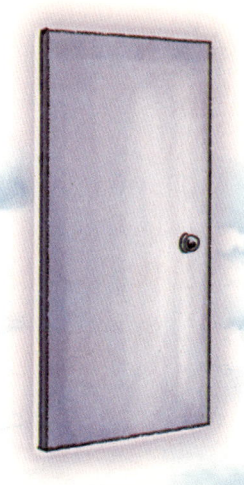

是帮孩子分析失败的原因,观察孩子到底有没有信心去超过同学们。看到孩子还信心十足时,父母对他说:"你要肯下功夫,注意学习方法,就一定能超过同学们,重新成为好学生。推开你面前那扇虚掩的门,你一定能进入特优班(年级前 100 名学生能进入特优班学习)。"这个男孩在父母的鼓励下努力学习,仅仅经过两次考试,他就进入了班级前 10 名,全校前 100 名,当然,也如愿以偿地进入特优班学习了。

在生活中、在学习上多鼓励孩子,给孩子信心和勇气,让孩子在挫折和失败面前不气馁,始终有着战胜自己的勇气,敢于推开那扇虚掩的门,勇往直前,直至成功!

第四章

哈佛理性思维：
指引男孩树立正确的成功观念

一个人的成功与失败，不在于能力与经验，而在于思维方式。这是哈佛大学最关键的理念。理性思维是人类思维的高级形式，是人们把握客观事物本质和规律的能动活动。从小帮助男孩树立正确的成功观念，可以让孩子离哈佛更近一步。

成功从来没有捷径

> 成功无捷径，真正的卓越是靠牺牲，以及大量努力得来的。
>
> ——雷夫·艾思奎斯

众所周知，成功是每个人都渴望的，希望成功、梦想成功，可是我们也应该知道通往成功的路上并不存在清幽僻静的捷径。憨豆先生绝对是英国喜剧里程碑式的人物，可谁又知道他的扮演者艾特金森患有严重的口吃，可他依然在表演的舞台上风生水起，但他的背后是台下无数次刻苦训练的结果。

在世界登山运动史上，被誉为登山"皇帝"的梅斯纳尔14次登上8000米以上的高峰，创造了世界登山史上前无古人的壮举。外人看来，他的每次攀登都是危机四伏的"死亡之旅"，因为他从不携带繁重的登山绳索和氧气瓶之类的辅助物品。他并没有超常的生理机能，他成功的秘诀就是：从低处开始。一般的登山运动者为了保存体力，都会选择乘直升机抵达离高山最近的一个小镇。乘直升机直接抵达对于身体的调节是不利的，这种看似省力的方式，忽略了身体机能与环境磨合的契机。与此相反，梅斯纳尔坚持徒步到达，从低处就开始调节身体，在尝试与努力中，他成功了。

成功就是这样，是没有捷径可走的，必须自己一步一个脚印、脚踏踏实实地去做，任何的偷懒取巧都是不可取的，就如那些自认为乘坐直升机可以更快到达山顶的人一样，是不会取得成功的。所有的人都期盼成功，但是并不是每个人都会为走向成功全力以赴，在渴望成功的同时，也渴望能够少一分努力，多一分收获。而事实上要获取真正的成功，每个人都必须经历艰辛。无论你出身豪门，还是隶属寒舍，你都不得不接受这样一个事实。成功没有捷径可走，只有顽强的意志与坚持不懈的奋斗才能带你走向成功。

许多人太急于成功，所以他们选择眼前能够想到的任何一条捷径。但事实上，成功从来都没有捷径。通过走捷径，取得的不是真正的成功。真正的成功需要按部就班地走完每一步，而不是想方设法去投机取巧。

○ **哈佛男孩教养手札**

成功路上无捷径。身为父母，在孩子年幼时就要树立孩子的成功观念，并采取正确合理的方法对之进行引导，使孩子明白：成功没有捷径，空中建不起楼阁，海市蜃楼只是美丽幻影。成功就像登山，必须脚踏实地，一步一个脚印。做任何事情都应该踏踏实实、循序渐进，只有这样才能认真、

仔细地完成好每一项工作。不管是工作中还是生活中，好高骛远、不脚踏实地的坏毛病一旦形成，就会使他离成功越来越远。因为只有在日常生活中慢慢磨炼自己的意志，逐渐积累生活的阅历，才能在更富有挑战性的工作面前，胸有成竹地完成工作。

父母应培养孩子踏实的性格，让他们学会从点滴小事做起。父母应认识到，专心的习惯对孩子踏实性格的养成非常重要，一个孩子只有做到专心才能踏实做事。如果孩子总是三心二意，就很难培养他踏踏实实的专注精神。养成踏实好学的习惯并慢慢坚持下去，孩子会将这种习惯迁移到其他的日常活动中，这会为培养一个成功的男孩奠定坚实的基础。

哈佛大学的校训说，学习这件事不是缺乏时间，而是缺乏努力。也许你认为用努力来定义哈佛精英有些可笑，但在哈佛，它将告诉你，没有艰辛，便没有收获。今天的你若多享受一刻繁华的生活，明天的你便少了一阶踏上成功的台阶。即便是天才，也要付出 99% 的汗水。

其实了解哈佛的人知道，它虽是一流名校，但在哈佛校园里看不到林立的豪华大楼，仅有带着宁静气息的苏格兰红墙，你看不到身穿华服的身影，仅有脚步匆匆的莘莘学子。你可以看到左手翻书右手握比萨的学生在长凳上、街灯下专心读书。不因考上哈佛而沾沾自喜，他们心中的哈佛是一个天堂，是一块可以不断汲取养料的肥沃土地。在哈佛的每一个角落,所见到的一切无时无刻不告诉你,要想接近成功,你只能用时间和汗水去浇灌,这便是哈佛精神。通往成功路上没有捷径,只有踏实勤奋才足以获得成功。

此外,孩子还需要有种韧劲,要有为了实现目标不懈努力的意志。成功没有捷径,如果碰到点儿困难就退缩,那样就只能与成功背道而驰。美国著名科学家富兰克林认为,人生成败的关键就在于一个人能否每时每刻持之以恒地追求自己的目标。而"持之以恒地追求自己的目标",就是意志的行为表现。心理学家 A.阿德勒也说过:"假如我的目标保留未变,而我的梯子又被拿走了,那我用椅子继续往上爬,假如椅子也被拿走,我会跳上去或直接攀爬。"没有坚持,就不会有最后的成功;没有恒心,愿望就永远无法实现。胜利只会青睐那些坚韧不拔的人,摔倒了就再也爬不起来的人不能够成功,只有拥有顽强意志的人,才能在摔倒后爬起来继续前进,走向最终的成功。所以平常应引导孩子做事坚持到底,在任何情况下不能半途而废。

让孩子学会忍耐与坚持,便等于为他的成功增加了很重的一个砝码,让孩子拥有脚踏实地的品质和坚不可摧的意志,在未来的日子里,每位家长都能以自己的儿子为傲、以自己了不起的男孩为荣!

正确对待他人的评价

> 任何事情,都应由自己做出判断。不要因为他人的反对或相信,因而自己也就反对或相信了。既然上帝赋予你一个识别真假的脑袋,你就应该好好用它。
>
> ——美国第三届总统 托马斯·杰斐逊

人本来就该为自己而活,但偏偏有时候因别人的评价而让自己乱了阵脚。

在一个小山村里,有位留了一尺多长胡子的老翁,每个人都夸他的胡子好看,老人很是得意。偏偏有个小孩子不这么认为,他觉得老人的胡子是个大麻烦:"这么长的胡子,晚上睡觉的时候,是把它放在被子里面呢,还是放在被子外面?"就这样一句话传到了老人的耳朵里,把老人折腾得够呛。

原本没想过的问题被小孩这么一说,到晚上睡觉的时候,老人躺在床上,他先把胡子放在被子的外面,感觉很不舒服;他又把胡子拿到被子里面,也是一种说不来的别扭。就这样,老人一会儿把胡子拿出来,一会儿又把胡子放进去,折腾了一宿,还是感觉不舒服。老人很纳闷,以前睡觉的时候,究竟胡子是放在被子的外面还是里面？第二天一大早，正好碰到邻家的那个小男孩，老人生气地说："都怪你，闹得我昨晚一晚没睡着。"孩子哈哈一笑："那有什么，您愿意放在哪里就放在哪里！"听了这样的话，老翁一脸的难堪。

其实，生活中有很多这样的现象。太在乎别人的想法和评价，别人无意间的一句话、一个眼神、一个动作，都会让自己难以释怀，心中纠结，乃至影响自己的生活，这是可悲的。

这则寓言听起来像个笑话，但仔细品味起来，却寓意着非常深奥的内涵。这个寓言足以说明一个太在乎别人评价的人是悲哀的。如果一个人无论做什么事都要去看别人的眼色，过分听取别人的评价，到最后就只会处处怀疑自己的做法，失去自己的主见。一个连自己都无法相信的人，他的人生还有何意义？

○ **哈佛男孩教养手札**

在生活中，人人都会去评价别人，而自己也要受到别人的评价。但每个人的思维方式、人生观、价值观大不相同，在同一件事情面前，难免会有大相径庭的看法。作为一个思维正常的人，谁都不会漠视他人对自己的评价。很多时候，他人的议论、观点、态度都会对自己的行为产生极大的影响。比如，赛场上的啦啦队员无疑会影响运动员的士气，从而影响运动员的成绩。他人的意见往往也是我们自己行为的镜子。我们总是在别人的目光中调整自己的人生坐标。可是，当我们认准了目标，并决心要实现这个目标时，就不能太在意别人的说法和看法，如果没有自己的主见，任由别人的看法左右自己的行动，也许最终将一事无成。

哈佛教授告诉学生们，人要忠于自己，不必老是顾虑别人的想法，或总是想要取悦他人。生命的可贵之处就在于按自己的想法生活，做好你自己。不论做任何事，都要顺着你心中所想的去做，独立思考，拥有自己的主见，敢于坚持你的观点，而不是活在别人的眼光里。所以，要教育孩子对于他人的评价要正确对待，不能被其左右。

约翰·阿特金森曾说，如果不能掌握自己的生活，就会被他人控制。

培养一个有主见的孩子，父母首先要做到放手，不要什么都不放心让孩子去做，什么事情都帮孩子拿主意、做决定。这样养育出来的孩子必然缺乏独立性，没有自己的主见，什么事情都希望别人给他拿主意。当然，让男孩有自己的想法并不是不听劝告、一意孤行，而是希望他在面临选择时，保持清醒的头脑，不人云亦云，有自己的思考和判断。这样可以有效避免或减少他在成长过程中遭遇那些不必要的损失或失败。要培养男孩有主见的个性，就要给他们自己做主的机会，父母要多与孩子沟通，不能做事太武断、不注意尊重他们的要求，要让孩子积极参与，独立思考。如果家长能够经常积极地鼓励孩子自己做决定，就会发现自己的孩子思维活跃，反应敏捷，而且越来越沉着、稳重。让孩子自己做决定，有利于锻炼孩子独立思考的能力。一个有主见的孩子，在面对别人的评价的时候，会对自己有清晰的认识，这样就不容易被人左右了。

做一个输得起的人

> 失败对于孩子来说未必是坏事,关键在于他对待挫折的态度。
>
> ——马斯洛

某家报纸上曾刊登过一组照片,一个中国12岁的孩子与西方孩子比赛下棋,三局两胜制,第一局中国孩子输了,外国孩子赢了。中国孩子哭得坐在椅子上站不起来,一群工作人员围拥着安慰他。第二、第三局,中国孩子赢了,脸上一片灿烂。比赛全部结束的时候,输了的外国孩子很大方地跑过来祝贺、拥抱中国孩子。

不少人感叹:这到底是谁输谁赢?

人不可能一辈子是赢家,在种种现实面前,输了是小事,关键是要"输得起",要有输了之后重新站起来的勇气。

○ 哈佛男孩教养手札

哈佛有关心理研究发现,在对孩子的培养过程中,孩子"输不起"的心态普遍存在。尤其是男孩,争强好胜的性格往往使他们对输赢过分关注,赢了就满心欢喜,输了就无法接受,这也正是家长们所忧虑的。

其实,从儿童心理学的角度来讲,孩子"输不起"是一种正常现象。无论什么事情,孩子总是希望自己能做得更好,比别人强,获得周围人的认可。可是因为孩子年龄小,各方面都不成熟,他并不了解自己的强项和弱项,在集体活动中,一旦不如人或输于人时,他就会表现出不满、沮丧。对于这样"输不起"的孩子,家长必须耐心地逐步引导,避免孩子长期处于这种不健康的心理状态中。

孩子的"输不起"主要与成人不正确的引导有关。生活中,成人总是有意无意地要求孩子争第一,"看谁第一个吃完""看谁第一个坐好""看谁第一个画完"……这种暗示慢慢会让孩

子认为只有第一才是成功者。这样做的结果是，强化了孩子争强好胜的心理，让孩子坚信只有得了第一，才会获得表扬和肯定，孩子心中没有"输"的概念，导致他"输不起"。所以家长必须尽快改变自己的引导方式，要让孩子明白，任何事情不是都要非争第一不可。

家长遇到问题时所展现的态度，也是教导孩子的好机会。比如，烧焦了一锅菜，别气急败坏，不妨淡定地告诉孩子："好可惜！今天吃不到这道菜了，不过没关系，妈妈已经知道失误的原因了，下次一定可以做得很好吃。"在这样的影响下，孩子会觉得原来"输"并没有多可怕，只要下次更好就行。他体会到了"有输有赢"本来就是常态，输了也没什么大不了的，这样就会更乐观、从容地看待成功与失败，将来才能以不怕挫折、奋勇向前的人生态度去面对未来的挑战。

在孩子输了之后有哭闹、生气等情绪时，家长切记不要责备孩子，这样会加倍增加孩子的失败感，可能使孩子从此害怕挑战，畏惧挑战；更不应该对孩子说"无所谓，只是游戏嘛"，因为这样会导致孩子对事不认真、不求上进。孩子输了已经够难受了，虽然表达的方式不恰当，但你应试着用同情心去安抚孩子，让孩子感受到爸爸妈妈知道自己不是无理取闹，自己其实也很懊恼，只是控制不了情绪。如果孩子有足够的表达能力，建议家长可以引导孩子说出自己的感觉，然后予以适当的疏导。

一位哈佛教授曾在课堂上风趣地说，挫折是一条欺软怕硬的狗，你越是畏惧它，它就越是威吓你，你越不把它放在眼里，它越对你表示恭顺。这句诙谐的话语蕴含着深刻的道理。一个人一生中不可能事事成功，失败在所难免，面对挫折和失败，强者会更强，弱者则会越来越弱。对于哈佛的学子来说，他们更能深刻体会到挫折和苦难，但是，他们从来不畏惧，他们都是"输得起"的人。平常，在孩子面对困难时，父母要留给孩子自己独立面对失利的空间和机会。父母尽量不直接地替他解决问题，可以和他一起讨论，引导他去思考失败的原因，让他自己去面对失败，尝试改正。孩子克服挫折的能力和动机，常常来自遭遇过的挫折，当他的经验足够丰富时，就可以获得更多的成就感和自信心。孩子对挫折的承受力会随之增强，慢慢地，会成为一个"输得起"的人。

　　另外，家长还要帮孩子树立正确的认识，即明白"享受过程"比"赢得胜利"更重要。比如，在比赛中输了的时候，家长可以引导他回忆一下，在比赛的过程中心情怎么样，是否从对手身上学到了自己没有的品质，有没有发现自己的水平有所提高……这样的引导，会让孩子感受到这个过程很快乐，过程比结果更重要。

　　孩子能够做到"输得起"，有能力及时调适自己的心情及想法，坦然面对不太愉快的逆境，而且能够树立重新来过的勇气。这样，他才会离成功更近一步。

冷静是人生最好的伙伴

> 冷静如同是灼烧烈火之间的一场大水。冷静的人，才能成就未来。
>
> ——哈佛格言

若干年以前的印度，有两个国家的王子，拉姆和萨依姆。因为这两个王国的积怨很深，几代人都是仇敌。两个王子也知道两个家族的矛盾，很少见面，也没发生什么矛盾，但是一直在心里怀恨着对方。

无巧不成书。有一天，拉姆骑马到一座丛林中打猎，与同到这里打猎的萨依姆狭路相逢。为了争抢同时看到的一只鹿，两人在马背上拿着长矛打了起来。在争斗中，萨依姆不小心从马背上掉了下来，他的长矛也脱手了。拉姆迅速地跳下马，把萨依姆压在身下，对准他举起手里的长矛。尽管状况如此窘迫，但萨依姆毫不示弱，反而直视拉姆瞪着眼睛大声叫骂。这激怒了拉姆，他气得满脸通红，手中的长矛都在颤抖着。就在长矛即将刺向萨依姆的时候，拉姆突然扔下了手里的长矛，从萨依姆的身上挪开，他说："我们改天再打，你回家去吧。"随后转过身准备离开。

萨依姆从地上爬起来，不依不饶，追上去拽住拉姆的袖子说："你刚才可以易如反掌地杀了我，为什么在那一瞬间又放过了我？"拉姆说："兄弟，我们俩没有私怨，所以一开始见到你时，我是没有愤怒的。搏斗中，你的叫骂和藐视的目光激怒了我，但这时我想起了老师的一句话，他曾经告诫我：'在你怒气冲天的时候，不要采取任何行动。'于是我冷静了下来。"

萨依姆非常感动。从此，两个家族化解了仇恨，两个王子也成了好朋友。冷静是人生最好的伙伴，化敌为友的绝招，只在于一瞬间的冷静。

冷静是一种风度，更是一种品格。受挫时要保持冷静，在冷静中镇定，在冷静中反省，在冷静中坚强，在冷静中撞击出新的火花。只有冷静才能帮你判断所面临的真实状况，只有冷静才有助于你做出正确的决定。

○ 哈佛男孩教养手札

哈佛心理学教授指出，一旦处于愤怒状态，人便失去理智，无法保持冷静清醒的头脑，做出正确的判断，因而，做错事的概率就大大增加。大动肝火，往往会把事情搞得越来越糟糕。很好地控制自己的情绪，往往使人泰然自若地在生活中立于不败之地。

冷静不仅是孩子应具备的一种人生修养，也是孩子在未来社会上生存发展必不可少的能力。生活中，人们会面对各种刁难和不如意。但是没有多少人能保持百分百的冷静，更别提天生好斗的男孩了。所以当我们的孩子遇事冲动、不够冷静是正常的，问题是该如何克制冲动，帮助孩子做一个冷静的人。

哈佛教授常常会对学生说，无论在怎样的情况下，都要时刻保持冷静。在孩子因某件事生气时，家长不要斥责。因为斥责等于火上浇油，适得其反，特别是家长怒不可遏的样子，等于是孩子发脾气的"榜样"。须知，柔能克刚，而刚却克不了柔。"不冷静"在孩子的成长过程中起着非常特殊的作用，如果处理得好，会有利于孩子形成健全的人格和健康的心理。孩子每个"不冷静"的表现背后都有一个正当的理由。他们是在宣泄精神或身体上的创伤所引起的负面情绪，是在呼唤成年人的关注，以帮助他们更好地将这些负面情绪宣泄出来，从而获得最终的康复。所以当孩子表现"不冷静"时，家长应当通过倾听给孩子以最好的关注，父母也需要倾听，以帮助他排解自身的负面情绪。倾听决不意味着纵容孩子，倾听是为了帮助孩子摆脱负面情绪，使他恢复正常思维能力，从而能够接受和理解成年人的正确意见和建议。同时，倾听也是一种从精神上和感情上关心孩子的重要方式。

毕达哥拉斯说："愤怒以愚蠢开始，以后悔告终。"很多有智慧和有成就的人，都曾经反复告诫人们，千万不要被愤怒左右，人何必自讨苦吃呢？爱默生曾说："凡是有良好教养的人都有一个禁忌：勿发脾气。"帮助孩子正确处理自己的情绪，首先，告诉孩子，遇事不要钻牛角尖。比如，有一个人说话很过分，要做到不为所动是不可能的，你既然有了情绪，就要发泄出来，但是要注意发泄的手段。你可以反驳他，但反驳的同时，要想清楚你自己要说的是什么，而不是无谓的谩骂。铿锵有力的言论，才能使你的对手无言以对，并使其他人信服。有情绪的时候，想做的事很可能不是最佳选择，如果不是立刻要做的事情，不妨等冷静下来再说。

此外，要让孩子从小能够冷静做人、做事，让他们学会自我调控情绪是最好的办法。比如在情绪激动的时候，从一数到十，或者深呼吸数次会让他们冷静下来。在心情烦躁、低落的时候，还可以通过参加活动来分散孩子的注意力，可以去爬山、钓鱼、打篮球……这样会帮助孩子缓冲自己的情绪，逐步学会冷静。

情绪无所谓对错，只有表现的方式是否被接受。父母要让孩子学会冷静，健康的情绪发展才是最佳方式；唯有能够驾驭自己情绪的孩子，才能够在未来获得成功。

思考为王：找寻思维的"幽径"

> 把时间用在思考上是最能节省时间的事情。
>
> ——卡曾斯

英国著名物理学家卢瑟福，最早完成了原子弹核试验，被誉为原子核物理学之父。他常常教育学生要多思考。

有一次，夜已经很深了，他发现还有一个学生仍俯在工作台上，便过去问道："这么晚了，你还在干什么呢？"这位学生很自豪地说："我在工作。""那你白天在干什么呢？""我也在工作。""那么你早上也在工作吗？""是的，教授，早上我也工作。"于是，卢瑟福提出了一个问题："这样一来，你用什么时间来思考呢？"听到这句话，这位学生目瞪口呆，无言以对。

其实，思考是一种生命的形态，是一种值得倡导的良好习惯，善于思考更是许多人致力追求的一种理想境界。

善于发现，善于思考，处处都有成功力量的源泉。生活中到处都有机会，如果你认真倾听别人提出的问题，进行深入思考和研究，直到得出满意的答案为止，就可能取得骄人的成就。

○ **哈佛男孩教养手札**

"头脑不用也会生锈,经常思考才会反应敏捷",伟大的发明家爱迪生如是说,所以我们应着手把孩子培养成一个善于思考的人。

其实,孩子最初思考问题时是大胆的、自由的、无拘无束的。正是这样,他们经常会说出荒诞不经的话,让父母们觉得很无知。于是很多父母喜欢纠正孩子的错误,但要注意,如果经常纠正孩子,管教过严,就会伤害孩子的自尊心,打击孩子的自信心。当孩子再考虑问题时,就会担心犯错,畏首畏尾。久而久之,孩子的思维就会受到限制了,学会从成人那里接受现成的结论。比较好的做法是,鼓励孩子大胆思考,积极想象。如果是有创新的思考,即使孩子说错了,父母也应该鼓励孩子,肯定孩子的做法,指出他的错误。这样可以培养孩子敢于思考的勇气和灵活思考的方式。

家长应该从小就给孩子提供尽量多的独立思考,解决问题的机会,让孩子成长为能够独立思考和判断

的人才。因为独立思考可以丰富孩子的想象力，发展孩子的智力。

有位父亲，孩子碰到不会做的题就向他求助。开始时他经常给孩子讲解，让孩子逐渐产生了依赖性，不能够独立思考问题、解决问题。当父亲意识到这一问题后，转换方式，采取引导提示的办法，改变儿子的这种依赖性，帮助儿子寻求解决问题的思路。

有一天，吃过晚饭，爸爸看报纸，儿子则在另一边写作业。"爸爸，这道题怎么做？"照往常，他肯定是赶紧为儿子讲解。但他看着儿子拿来的题目，爸爸的眉头皱得深深的，这样的题目对于儿子来说根本没有难度，只要稍微动动脑筋思考一下，答案就出来了。于是说："你自己好好读题目，思考一下，就会知道答案了。"他想让儿子自己试着去思考。没有得到答案的儿子回到桌子面前，同样皱着眉头看着眼前的题目，他根本不知从何处下手。看着苦苦思索的儿子，爸爸觉得这么做也不是办法，于是，他放下手中的报纸，来到儿子身边坐下。拿过一支笔和一张纸，把题目中所列出的条件都写在了纸上。开始儿子并不明白爸爸在做什么，紧紧地盯着那张纸。慢慢地，儿子从纸上看出了答案。于是他按着自己的思路写出了答案。期间，爸爸一句话都没有说，只是用眼神鼓励儿子自己去寻找答案。从此以后，当儿子遇到难题的时候，他不再在第一时间去问别人，而是试着自己思考，自己从中寻找答案。

或许你也常碰到这样的情况，千万不要让孩子过于依赖家长，要让他学会自己独立思考，开始也许会有些难，但当孩子体验到自己解决问题的成就感后，慢慢学会遇到问题时自己独立思考，就会养成独立解决问题的习惯。

哈佛教授弗吉尼亚·约翰逊曾经说过："我们必须时时进行思考。只有深思熟虑才能战胜愚昧，在积极的思考中勇敢地面对未来。"思路决定出路，观念决定成败。善于思考的人不一定能取得成功，但成功的人一定是善于思考的人！所以，我们一定要让孩子学会思考、善于思考，真正走"思维"的"幽径"！

智慧就是战斗力

> 智慧是一切力量中最强大的力量,是世界上唯一自觉活着的力量。
>
> ——高尔基

智慧不是一种才能,而是一种人生觉悟,一种开阔的胸怀和眼光。有智慧的人,凡事健康思考,保持积极态度,在遇到困难时,容易化险为夷。

历史上,英国前首相丘吉尔的智慧非同凡响,有很多机智幽默的瞬间广为人知。

一次,丘吉尔在公开场合演讲,这时从台下递上一张字条,上面只写了两个字"笨蛋"。丘吉尔知道台下有反对他的人等着看他出丑,便神色从容地对大家说:"刚才我收到一封信,可惜写信人只记得署名,忘了写内容。"丘吉尔不但没有受到不快情绪的控制,反而用幽默将了对方一军,实在是高!

拥有智慧的人才是真正的强者,智慧就是无形的战斗力!

○ **哈佛男孩教养手札**

马克·吐温曾说:"不要抱怨我们的贫穷,拥有的智慧是我们最大的财富,任何时候它都会帮助我们成功。"拥有很多的人生感悟,才会成为一个具有真智慧、大智慧的人。要让孩子走在通向成功的道路上,需要父母不断启迪,帮他成为拥有智慧的人。

  智慧是对一个人各种能力的综合评价,正如亚里士多德所说,智慧是知识的最完美形式。父母想要孩子区别于一般人,获得非凡的智慧和成就,就不能一味逼着孩子们去刻苦学习他们不感兴趣的东西,而要多倾听孩子内心的声音!每个孩子都是独立的,有自己的天赋和特长,这是很难掌握的,需要孩子用较高的灵性来发现自己的特长和天赋,孩子们成年后能不能运用自己的特长发挥他的天赋,获得成功,最终是和孩子的灵性息息相关的。所以,在孩子的成长过程中,往往需要父母关怀和保护孩子灵性的发展,不要让各种外界因素磨掉孩子的灵

性，让孩子面对外界的冲击不知所措！如果孩子本身的灵性被淹没，智慧从何而来呢？保护孩子的天性，孩子才能自己感悟、体悟人生。

让孩子成为一个拥有智慧的人，还需要丰富的见闻和知识来做基础。试想一下，一个不学无术的人，对身边的各种事物没有应有的感知力、洞察力，智慧又何从谈起。所以，必须引导孩子博览群书，阅读经典。其实，每一本好书的作者都是高人，每一本书都是作者在记录他的见识。热爱读书的孩子，其实每天就是在"交高人和长见识"。只要孩子全身心地投入到阅读中去，定会收获无限的知识与智慧。

不畏人生弯路，才能收获成功

> 人生是一次航行。航行中必然遇到从各个方面袭来的劲风，然而，每一阵风都会加快你的航速。只要你稳住航舵，即使是暴风雨，也不会使你偏离航向。
>
> ——西·切威廉斯

从世界河流分布示意图可以看出，河流都不是直线，而是弯弯的曲线。为什么会是这样呢？河流为什么不走直路，而偏偏要走弯路呢？有人说，河流走弯路，拉长了流程，河流也因此能拥有更大的流量，当夏季洪水来临时，河流就不会水满为患了；也有人说，由于河流的流程拉长，每个单位河段的流量就相对减少，河水对河床的冲击力也随之减弱，这就起到了保护河床的作用。而河流不走直路走弯路，最根本的原因在于走弯路是自然界的一种常态，走直路是一种非常态，因为河流在前进的过程中，会遇到各种各样的障碍，有些障碍是无法逾越的。所以，它只有取弯路，绕道而行，也正因为走弯路，让它避开了一道道障碍，最终抵达了遥远的大海。

其实，人生也是如此，当你遇到坎坷、挫折时，也要把曲折的人生看作是一种常态，不悲观失望，不长吁短叹，不停滞不前，把走弯路看成是前行的另一种形式、另一条途径，这样你就可以像那些走弯路的河流一样，抵达那遥远的人生目标。

把走弯路看成是一种常态，才能怀着一颗平常心去看待前进中遇到的坎坷和挫折。

○ **哈佛男孩教养手札**

只有走弯路，才能让孩子学会独立成熟。弯路上布满荆棘，曲折和坎坷，我们的孩子或许会碰壁、摔倒，甚至头破血流。只有当他满身泥泞地走出来才会发现自己已经长大，弯路是对意志的考验，是一笔宝贵的精神财富。西方的家长常常这样教育孩子说："关于这件事，我并不比你知道得更多，你得自己去尝试！""我不能告诉你什么是对的，你要为自己的选择负责！""也许你是错的，但谁又能次次都对呢？我也做不到啊。""如果你碰壁了，我的胸怀永远为你敞开，但我不能为你做任何决定。"

事实上，河流走弯路才能抵达目的地，孩子的成长也需要"弯路"来磨炼意志、锻炼毅力、培养才干、促进成熟。家长不能代替孩子成长，只能教育他们积极地面对人生的弯路。

哈佛教授常在课堂上对他的学生们说，学习上我们可能会走一段求知弯路，但无知者无畏，你们会在无知中不断成长。人生是段求知的历程，有春风得意时，也有身处低谷时。对于这些求知的孩子来说，总会在成长中碰到这样那样的挫折和失败。这时父母应当关心和鼓励孩子，给孩子以安慰、鼓励及必要的帮助，让孩子不会感到孤独无助。家长要让孩子明白，别害怕走弯路，走弯路才是人生的常态。世上没有什么是一成不变的，也没有人所走的每一步是绝对正确的。走弯路不是走邪路，所以必须有一个正确的人生目标，只要目标一旦设定，就必须坚毅前进。一路上纵有再多的艰难险阻，也要发扬不屈不挠的精神，果敢前行。切记要尽量避免消极否定的评价，那只会强化孩子的不自信和失败感，家长不妨采用一些积极肯定的评价，如"虽然你没有成功，但我要表扬你，因为你有勇气去尝试就很好。""你一定要相信自己，爸爸妈妈相信你能行。"这样做会使孩子意识到自己的努力是受到肯定和赞扬的，自己不必害怕失败，从而慢慢学会承受和应付各种困难挫折。

孩子的心理不成熟，对周围的人和事物的态度常常是不稳定的，易受情绪等因素的影响，在碰到困难和失败时，他们往往会产生消极情绪，不能以正确的态度对待失败和挫折，这时，家长要及时告诉孩子，"失败并不可怕，你只要勇敢，就一定能做好"，"从失败中吸取教训，看一看下次怎样做"。家长要有意识地将孩子的失败作为教育的契机，引导孩子重新鼓起勇气大胆自信再次进行尝试，同时，教育孩子敢于面对困难和挫折，提高克服困难和抗挫折的能力。

家长还要注意从细小处来改变自己。提高认识，改变原来的教养态度，让孩子走出大人的"保护圈"，学会对孩子放手，孩子摔倒了鼓励他自己爬起来；让他们自己去经历、去承受。孩子的事情让他自己做，自己能解决的问题家长就不要去帮忙，引导孩子自己走完这些弯路，这样才能在弯路中总结失败的教训，在失败中进步，一点点完善，一点点成功。在弯路中，孩子会不断获得成功的经验！在弯路中承受挫折的打击，经历痛苦，会让孩子最终成为意志坚强的人。当孩子能坦然面对各种挫折，淡然对待人生的弯路时，他也就离成功不远了。

有时候,放弃也是一种智慧

> 在人生的大风浪中,我们常常要学船长的样子,在狂风暴雨之下,把笨重的货物扔掉,以减轻船的重量。
>
> ——巴尔扎克

有个贪吃的孩子,伸手到一只装满榛果的瓶里,他竭尽全力、尽其所能地抓了满满一把榛果,当他想把手收回时,手却被瓶口卡住了。他既不愿放弃榛果,又无法把手缩出来,不禁伤心地哭了。这时一位智者告诉他:"放弃一些榛果,只拿一半,让你的拳头小些,那么你的手就很容易地拿出来了。"

贪婪是大多数人的毛病,有时候抓住自己想要的东西不放,这样会为自己带来压力、痛苦、焦虑和不安。往往什么都不愿放弃的人,结果却什么也得不到。

舍不得丢掉眼前的蝇头小利,不懂得放弃,最后失去的反而更多,甚至付出生命的代价。学会放弃,为了获得更大的成功。不会放弃,有可能是在慢慢消耗自己的生命。

○ **哈佛男孩教养手札**

很多家长觉得鼓励孩子放弃,是不可取的,因为强者是不认输的。所以常常被一些高昂而有英雄气概的光彩词语所激励，以不屈不挠、坚定不移的精神和意志坚持到底，永不言悔。所以，家长就会认为放弃就意味着失败，是承认自我无能的表现。

事实上，解决部分问题时，放弃反而比坚持更有利于孩子的成长。诺贝尔奖得主莱纳斯·波林说："一个好的研究者应该知道发挥哪些构想，而哪些构想应该放弃，否则会在不好的构想上浪费很多时间。"对于研究如此，人生处世的智慧也是如此。因为，真正豁达的人懂得超脱，幸福的人懂得放弃，智慧的人懂得得失。放弃并不意味着失败，该执着时执着，该放弃时放弃，是一种自我超越的人生智慧。放弃一些不属于自己的东西，就会发现身边的美好；放弃一些追求不到的身外之物，就会得到轻松悠闲的宁静；放弃一些不必要的忙忙碌碌，就会得到更多的时间和精力去做自己想做的事情。

但家长需要帮助孩子把握好"度"。放弃是一种艺术，其中的奥妙在于"度"的把握，有些东西需要放弃，而有些东西绝不能放弃。在短暂的人生中，我们不能放弃学习，不能放弃奋斗，不能放弃生存。但对于影响和阻碍我们享受人生，追求幸福的多余负重则应该理智放弃。

在教会男孩放弃的过程中，要注意他心理上的变化，时刻提醒他，"你是个了不起的男孩"，要强化他的男子汉意识。如果放弃使孩子丧失了原本的自信，那就适得其反了。值得注意的是，男孩从小是否具有男子汉意识，父亲的作用是巨大的。无数事实证明，妈妈过多的保护和担心，会减少男孩的男子汉气概；而父亲拥有的是更显严格的规则、更显宽松的约束，所以能赋予男孩无与伦比的坚强与勇气，进而促使男孩更快地成长为一名优秀的男子汉。

家长要常与孩子沟通交流，教他学会放弃。比如学了几年的某种特长，想要放弃时，家长可以同他一起分析：是因为没有学到他想要的东西？还是对这种特长的发展感到非常不乐观？如果他想放弃是因为没有成为表演的焦点或是被取笑等原因，那么可以帮助他解决这些问题，如与老师或教练交流等。如果他们的不开心的原因来自过重的精神和身体压力，你可以想想办法帮他们找到一个体面的退出方式，使放弃产生的负能量降到最低。

此外，家长也要努力做一个懂得放弃的人，对任何人和事不要太过苛求，争取做到心态平和，顺其自然地生活。很多情况下，孩子的体育、戏剧、音乐和艺术课程等早已填满了你复杂的生活。为此，你需要支出、规划，更不用说花时间欣赏、喝彩、鼓舞或是在幕后操劳。通常，在尝试为孩子做一些对他们有利的事情时，我们还要处理很多能力范围之外的事情。如果神经绷得太紧，反而无法弄清自己究竟想要什么。有些时候你要做的仅仅是对这种生活的放弃。你可以为自己的生活保留一些闲暇时光，享受生活。

最后，千万别吝啬你的语言，多多赞美你的孩子。要让他知道，尽管他放弃了，但他的选择是正确而明智的，是一种智慧。

第五章
哈佛领袖气质：
培养男孩出众的领导力

> 哈佛大学走出了8位美国总统，上百位诺贝尔奖得主，这和哈佛注重培养学生的领导力是分不开的，特别是在社会分工日益精细的今天，出众的领导力成为成就伟大事业的前提，是每一个人成就一番事业所必备的条件之一。

永远的第一,让优秀成为一种习惯

> 幸福或许不排名次,但成功必排名次。
> ——哈佛图书馆训言

在奥运赛场上,我们记得最清楚的是那些获得金牌的人;在人类发展史上,无论是社会科学还是自然科学,那些开创者的名字都写进了教科书。要做就做最好,没有之一,只有第一。正是永远的"第一"精神,让哈佛培养了数以万计的各行业的领袖人才。

让优秀成为一种习惯,让第一成为我们的代名词,我们就一定能够在所属的行业做出卓越的成绩。拿破仑说过,"不想当元帅的士兵不是好士兵",没有勇争第一的理念,就永远不可能真正取得第一,甘居人后,你将一生默默无闻。

每个人的人生定位不同,生活态度自然就不同。打算把自己置于生活的哪个层次、何种境界,是每一个严肃生活的人都必须考虑的现实问题,也决定了这个人基本的生活方式。哈佛大学集中了全美甚至世界最优秀的学生,正是因为他们的校训是"追求卓越"。是的,雄鹰不甘字下,骏马难守圈栏。一个志存高远的人，必定将追求优秀作为自己的人生目标，作为近乎本能的习惯。

○ **哈佛男孩教养手札**

领袖并不是天生的，而是后天培养成的。相对于女孩来讲，男孩天生的竞争心理更渴望成为"孩子王"，这对我们培养优秀的男孩有很大的帮助。但是，培养孩子的领袖品质，需要我们在生活中加以引导和教育。

第一步，从给你的孩子自信开始。优秀的男孩一般具有强烈的自信心，因此，家长要有意识地通过肯定来激发孩子的自信心。

有一个爱好打篮球的小男孩，有一次打比赛的时候，爸爸在旁边看着，结果他们输了。小男孩以为爸爸要批评他，没想到他爸爸说："你带球过人做得很好啊，要是练练远投，你就会是一名很出色的得分后卫。"小男孩听了，打球更有精神了，并且按照爸爸的建议认真练习远投。后来他成了远近闻名的"小投手"，不久，参加了市里的少年集训队。

家长真诚的肯定与鼓励，是孩子成就第一的

力量源泉，因此，在成长的道路上，他每走一步，家长都要给予积极的肯定和鼓励。比如，孩子成绩不佳，不要批评，有时候适当的鼓励可能起到更好的效果。

第二步，让你的孩子学会独立思考。孩子勇争第一的意识，是从生活中一点一滴小事中培养起来的，让孩子学会独立思考，他才能在前进的道路上离第一越来越近。当孩子遇到问题时，家长应该考虑的并不是如何帮他们解决问题，而是想："我的孩子思考了吗？他有解决这个问题的能力吗？"家长的思维转变以后，孩子独立思考的能力就会大大提高，而独立思考，正是成就孩子第一的必备品质。

第三步，让孩子学会表现自我。领导者最应具备的基本能力，就是敢于表现自己，善于表现自己。而男孩大多都有很强烈的表现欲望，这个时候，家长就要给孩子"表现"的机会，用他们的努力表现去争取领导地位。比如有一个小孩很想当班长，妈妈就对他说，"你上课要主动思考，积极回答老师的提问，课后要乐于帮助同学，积极参加班级活动，用你的表现来让老师认可你，你都努力做到了，你就有可能当班长了。"这个小男孩按照妈妈说的努力去做，在下一次选班长的时候终于如愿以偿了。所以，培养男孩的领袖气质，家长要鼓励他善于表现自己，勇于推销自己，从而使自己具备更优秀的品质。

优秀习惯的养成是一个漫长的过程，它可以有一个明确的起点，但肯定没有固定的终点。只要不断追求，每一个阶段性的成果都会成为一个新的起点。让你的孩子永远做第一，需要的是生活中无数个第一的积累，做小组第一，做班级第一，做全校第一，一个又一个第一加起来，就是你孩子成功的一生。每一个伟大的人无不如此，他们总是怀揣第一的信念，向着目标不断前进，终于成就了成功的"第一"。

哈佛毕业生"可怕"的领袖气质

> 这个世界需要的是一位真正具有灵感的、勇敢的杰出领袖。
>
> ——英国文学家 刘易斯

你是否有过这样的困惑,为什么同样的一个建议,从你口中说出与从他口中说出会产生截然不动的两种效果?在某种情况下,为什么有着比他更出色才能的你,却无法像他那样得到团体的认可呢?你又是否意识到这种现象对你的职场发展有着什么样的影响呢?这就是领袖气质,一个成功人士不可或缺的特质。哈佛的精英教育,正是发掘和培养了每个人的领袖气质,让他们在各行各业都将事业做到了顶峰。

在任何团体中,总有一个人充当着核心角色,他的言行能够被团体认可,并指引着团体的某些决策和行动。我们可以把这种人所具备的人格魅力称为"领袖气质"。具有这种领袖气质的并不一定是高层管理者,在任何一个团体中,小到几个人组成的办公室,大到一个集团,总有一个人具有说服他人、引导他人的能力。在某种程度上,"领袖气质"也可以被认为是人格魅力的一部分。

○ **哈佛男孩教养手札**

　　哈佛毕业生都有一种"可怕"的领袖气质，他们明白一个道理：不事事依靠，管好自己的人，办好自己该办的事，这是一个优秀领导必备的气质，男孩要想成为一名优秀的领导者，就应该拥有知晓他人的能力，并且能够信任他人。

　　领袖特质的培养，从孩子王开始。家长要做的是：让孩子通过自己的表现成为小伙伴们的"领头羊"。要让孩子学会换位思考，懂得交往的艺术，让别的小孩从内心里佩服他，他自然就是孩子王了。家长切忌，在生活中总是批评孩子，这样会让孩子性格内向，不善于和人打交道，自然就只能当别人的跟屁虫了。

　　领袖特质的培养，以树立孩子的信心为核心。拥有自信的男孩总是以积极乐观的态度对待生活中的一切；而没有自信的男孩，总觉得自己不如别人，做什么事情缩手缩脚，遇到一点困难就会退缩，这样，自然与领袖特质是背道而驰的。可见，自信才是培养男孩领袖特质的核心，而孩子的自信来自家长的鼓励与表扬。在生活中很多家长的做法打击了孩子的自信，比如，很多家长对孩子的缺点如数家珍，一些家长动辄就在别人面前数落孩子性格的负面，还有一些家长则专门拿自己孩子的缺点与别人家孩子的优点做比较，所有这些都是对孩子的打击。正确的做法是多鼓励孩子的进步，多表扬孩子的优点，以此来激发孩子的自信。

领袖特质的培养，以学会宽容为根本。斤斤计较、睚眦必报的孩子是没有前途的，领袖特质的根本是宽容待人，只有一颗宽容的心，才能承受生活中的不幸和挫折，才能正确对待生活中的人和事情，进而赢得别人的尊重和拥护，自然就是领袖人物了。男孩争强好胜，对待问题的处理方式往往急躁、冲动，不能克制自己，与别人发生冲突是很平常的现象。但是，男孩能否体谅别人，是否能为别人着想，与父母的教育有很大的关系。当男孩与人发生冲突的时候，家长一定要站在客观的立场，帮孩子分析原因，告诉孩子学会宽容；当男孩对别人产生偏见时，家长要及时纠正，千万不能顺着孩子的意思；不论什么时候，都要让孩子学会换位思考，这是养成孩子宽容的性格最好的办法。

领袖能力是后天培养成的，不是天生的，有什么样的父母，就有什么样的孩子，只要牢记这句话，孩子就一定能成为一名优秀的领袖人才。

不知足——追求完美才能更优秀

> 世人总是精益求精。
>
> ——诺贝尔文学奖得主 罗曼·罗兰

我们生活在一个不断变换的社会,追求完美才能使我们更接近成功。哈佛的精英教育,其中重要的一点就是"永不满足,事事完美"的人生追求。哈佛知名校友罗格说过:"正是追求完美的精神,让我有了今天的成就。"有人曾说过,我们做事要求90%的成功率,很高了吧?可是,这件事如果由4件小事组成,那么4件90%的小事就是我们这件事的成功概率,是多少呢?65%,这还是我们当初的90%的目标吗?

二战开始后,美国空军需要大量的降落伞,可是,供应军方降落伞的生产商保证合格率是99%,这已经是很高的了,并且几十年来一直是这个标准。可是,新任空军司令员就是不答应,他要求每一批次的降落伞合格率必须达到100%,但是,供应商表示以现有技术条件是不可能达到的。于是,司令告诉供应商,每一批次的降落伞交付军方后,必须由军方随机抽取几个,然后让供应商用抽取的降落伞从飞机上往下跳。提出这个要求后,美国空军收到的降落伞合格率奇迹般地达到了100%。追求完美，有时候是我们内心的渴望，更多的时候是生活对我们的要求。

其实，我们每一个人都一样，只要内心永不满足，就会有奋斗的动力，而始终追求完美，最终才能成就我们完美的人生。

○ **哈佛男孩教养手札**

我们小时候都学过爱因斯坦做小板凳的故事，在一节手工课结束时，爱因斯坦拿出了他自己的作品——一个做工很不好的小板凳，老师对他说："我相信这世上没有比这个更糟糕的小板凳了。"但是，爱因斯坦又拿出了两个做工更糟的小板凳。一次手工课，爱因斯坦做了三个小板凳，尽管都不是太好，但是，一个比一个好，这也正是他内心永不满足，追求完美的真实写照，也正是这样，他才成为现代物理史上最伟大的科学家。

培养孩子追求完美的信念，要从让孩子不满足开始。比如在孩子学习上，他从中等生跨入了优等生，家长应该鼓励，鼓励之后会问他，你觉得自己比某某差吗？那为什么比他的成绩低呢？要让孩子始终对自己的成绩不太满意，并且愿意花更大的努力去超越他的同学。即使在班级得第一了，全校呢？全校得第一了，每一门课都是满分吗？

有关哈佛教育模式和成功经验的研究结论显示：在哈佛，每个学生都具有不知足的精神，每个学生都知道，只有不知足才能有追求，有追求才能上进，不知足可以激发斗志，激励我们不断奋斗，不断向前。有一个段子是这样说的：有一次考试结束了，学霸得 98 分，学神得 100 分，于是学霸对学神说，我和你就差 2 分而已。学神淡淡一笑说，我得 100 分是因为卷子满分 100 分，你得 98 分是因为你只有得 98 分的水平。让自己的孩子成为学神，要注意在生活的细节中养成孩子不安于现状，追求完美的习惯。

哈佛人认为，"不知足"是一个人正在快速成长的标志，"不知足"是为了做得更好，是一种不断进取、精益求精的追求。在这个充满竞争的时代，几乎每个人都在学习"赢"的学问，其实，培养孩子事业上永不满足的心态，做事追求完美的精神，就能让孩子赢在终点，取得事业的成功。

一个合格的领导，永远是团队的排头兵

> 做领导者和做你自己是同义词。就这么简单，也是这么困难。
>
> ——沃伦·本尼斯

曾有人这样说过："元帅是从一名优秀的士兵开始的。"领导者之所以能够成为一名领导，是因为之前他一直是最优秀的。哈佛对成功人士的一项调查表明，每个行业的成功人士，平均在下属5.7个岗位上做出过最好的业绩。人生就是如此，只有做到了士兵中最优秀的，才可能成为将领，而将领中最优秀的，才能成为元帅。

从事物发展的规律来看，根据唯物主义原理，量变引起质变。假如，说从兵到将的变化是质变的话，那么，做最优秀的排头兵就是量变，量变的积累必然产生质变，兵变将就具备了基础。如果你一直甘愿做一个普通兵，没有量变的过程，也就永远不会成为将。我们在职场中都有这样的感觉，在自己所负责的领域做到了第一，那么升职的机会就不远了；在生活中也是如此，我们把某一件事做得几近完美，那

么，就会上升到高一个层次去做这件事。

做一个团队的领导，首先就要做得比别人更优秀，付出比别人更大的代价，去争取属于自己的领袖地位。一个人，当你做得足够优秀的时候，你就会成为这个团队的核心，进而成为团队的领袖人物。

○ **哈佛男孩教养手札**

培养孩子的领导意识，要从做好一切基础事情出发。现在的家长在教育孩子的时候，往往出口就是你要怎么怎么样？在班级要当班长，在少先队要当大队委，打球要进校队，还要当队长。当然，这样要求孩子无可厚非，毕竟，不想当元帅的士兵不是好士兵。但是，作为家长要做的是首先要教育孩子做好基础工作。比如想当班长，你首先要让孩子是一个守纪律的模范，其次要让孩子成绩非常优秀，再次要乐于帮助同学，只有具备了作为一个班长的各项条件，那么，他当班长就是水到渠成的事情。

让孩子认识到，领导来自最优秀的下属。孩子有想要当一个团体的领导的想法，家长一定要鼓励，并且要帮孩子认真分析，帮助他成功。比如孩子想要进校篮球队，还想当队长。作为家长，切忌因为担心影响孩子学习成绩而打击他。而是要帮他分析，他每天能拿出多少时间去练习篮球，他的综合球技能在队里排到第几，具备哪些可以成为队长的条件，以及有哪些方面不足。如果条件都具备，那么，你就要告诉他，如果他打球表现足够好，他肯定会成为球队的排头兵，那么等换队长的时候，他成为队长就是自然而然的事情。

让孩子认识到，领导就是要做最优秀的自己。把自己做到极致，在一个团体里面是最优秀的，那么他就是这个团队的领导。这就要求家长在日常生活中培养孩子优秀的品质，要让孩子敢于吃苦，家长更要舍得让孩子吃苦，让孩子在确定目标以后坚持做，围绕做优秀的自己而不懈努力，那么他就一定能成为一个团队的领导。让孩子认识到，只有做一个组织的排头兵，才能成为一个团队的领导，进而成就自己的事业。

第六章

哈佛自控力：
教会男孩抵制诱惑，做自己的主人

> 心理学家米切尔认为，一个人是否经得起诱惑，能否取得成功的关键在于自我控制力。他认为，我们无法控制这个世界，但我们可以控制自己如何去看待这个世界。
>
> 面对诱惑时，最有力的支持来自你自己。坚定的内心自控力是抵制诱惑的最有力武器，它能使人从重重迷惑的状态中解脱出来，重新做回自己。所以，培养孩子的自控力吧，教会他们抵制诱惑，从而做自己的主人。

控制自己的情绪，做情绪的主人

> 能控制好自己情绪的人，比能拿下一座城池的将军更伟大。
>
> ——拿破仑

在成功路上的最大敌人，其实并不是缺少机会，也不是资历浅薄，成功的最大敌人是缺乏对自己情绪的控制。愤怒时不制怒，使周围的人望而却步；消沉时，放纵自己萎靡不振，那么就会白白浪费掉许多稍纵即逝的机会。

大名鼎鼎的洛克菲勒曾因很好地控制自己的情绪而赢得了官司。有一次因债权问题被起诉，因对方的条件极不合理，洛克菲勒不予理睬，视若无睹。到了法庭上，对方律师拿出一封信问洛克菲勒，"先生，你收到我寄给你的信了吗？你回信了吗？""收到了！"洛克菲勒回答他："没有回信！"律师又接连拿出二十几封信，用同样的话质问洛克菲勒，而洛克菲勒都以相同的表情，一一给予相同的回答。

这样的状况下，律师控制不住自己的情绪，暴跳如雷，不断咒骂。而洛克菲勒以非常稳定的情绪应对，结果，律师因情绪失控让自己乱了章法，导致败诉。

在不同的环境中，在面对不同的对手时，有时候彰显能力并不是关键，而保持自己的稳定情绪才至关重要。

情绪处理得好，可以将阻力化为助力，帮你解危化险、达到政通人和。情绪若处理不好，便容易激怒对方，双方产生一些非理性的言行举止，轻则误事受挫，重则违法乱纪。

有时候，情绪不仅是一种感情上的表达和宣泄，而且是维持或破坏人际关系的利器。克制不住自己的情绪，不管三七二十一发泄一通，会导致场面十分难堪。生活中，每个人都难免会碰到这种擦枪走火的状况，只要将情绪稍微控制一下，结果就会发展成另外一种局面。

○ 哈佛男孩教养手札

要让男孩做情绪的主人，首先家长要做一个善于控制自己情绪的人。当今社会，竞争激烈，家长们在工作或生活中碰到剑拔弩张、争执不下的状况，一定要避免在孩子面前出现情绪失控、言辞激烈的状况。家长是孩子的第一任老师，家庭是孩子的第一所学校，对孩子来说，家长是孩子学习的榜样，家长的身教是孩子最重要的示范。如今的孩子学习压力大，在孩子面临压力的时候，家长应用平和的语气和孩子说话，冷静地处理问题，将自己作为示范给孩子看，这是最好的身教方式。比如，当孩子考试没考好时，千万不要做出如临大敌的姿态，这样，孩子就会从家长的反应中感到"考得这么差，就要世界末日了"。这样的处理方式会让孩子对事情的理解受到家长消极情绪的影响。

很多家长不会合理调适自己的情绪，和孩子在一起，看到孩子有些不尽如人意的表现容易着急，对孩子发火，忍不住批评、打骂、唠叨，因孩子考不好而感到郁闷，自己控制不了低落的情绪，从而影响了孩子。家长在"暴风雨"之后也反思自己，知道这样不好，但就是控制不住，遇到事情还是风雨依旧。其实，我们先要了解，生气是情绪的一种正常表达，但是如果把生气作为一种常态，甚至作为一种教育方式，那就不正常了。家长的不良情绪会传染孩子，不但不能解决问题，反而会激化孩子与家长的矛盾，使家庭关系紧张，不利于孩子心理的健康成长。作为父母，我们必须要学习调节自己不恰当的情绪和行为。为了能更好地让孩子适应社会的发展，作为父母必须学会克制自己的情绪与调动孩子的情绪，理智地处理所面临的困难，以榜样的力量告诉孩子，只有这样你才能把命运掌握在自己手中。掌控了情绪，你就掌握了自己的命运；掌控了情绪，你就走上了修身养性的健康之路。

拥有平和心态的父母，是有智慧的。哈佛相关研究认为：同样对孩子说的一句话，10%是语言，35%是表情，55%是情绪。家长的不同情绪状态，说出来的效果千差万别。人经常有犯糊涂的时候，脑子里就像蒙着一层雾。在孩子学习需要帮助时，应合理调节自己的情绪，需要做到以下几点：要让孩子明白学习是自己的事，谁也代替不了的，必须通过自己思考达到目的。在指导孩子学习的时候，需要孩子思考，我们坚决不能责骂，不能让孩子产生惧怕心理。当我们用指责的语气批评孩子时，他一定会产生抵触情绪，我们得到的结果是事与愿违。不能让孩子怕问，怕其实也是一种反抗、一种逃避。解决问题才是关键，指责不仅解决不了问题，还会把问题搞得更复杂、更糟糕，得不偿失。

家长要多与孩子进行沟通，不要溺爱、包办，要建设性地关怀孩子。这样的关怀意味着为孩子提供良好的情感环境和氛围，以一种孩子能接受的方式支持他。如果家庭中始终保持着平和的氛围，家中的任何人都能有的放矢地处理好自己的情绪，这样环境下的孩子会逐渐学着做情绪的主人。

对于孩子的消极情绪，我们不要否认、压制、贬低、怀疑，而是要帮助孩子去接受、识别，然后再教给他处理的办法。管理情绪的第一步，就是能识别出自己的各种情绪。我们可以随时指出孩子的各种情绪：烦躁、伤心、激动、失望、自豪、孤独、期待，等等，不断丰富孩子的情绪词汇库。需要提醒的是，有时当孩子很生气时，他会对这种情绪识别会很反感，完全听不进去别人说的。我们可以先让他自己冷静下来，等孩子平静后，再回过头来跟他聊聊刚才的感受。找到合适的时机会使教育的效果事半功倍。

在与孩子相处的时候，家长一定要尽量忽视孩子所谓的缺点和错误，以及能力上的种种不足，多去发现孩子的优秀品格，一旦发现就及时予以肯定，时间久了，孩子就会更多地朝这些方向去发展。现在的家长们对能力上关注过多，我们可以这样想，孩子长大后，也许能力需要有机会才能得到发挥，但好的性格和品格却是处处有用的。所以一旦你提高了自己的认识，对待孩子的态度就会有所改变，对孩子产生的影响也就更深远。平时要注意无形的引导，引导孩子善于发现、品味生活中的美好事物，形成一种积极向上的人生态度。在任何时候，都能看到事物美好的一面，排除不良情绪带来的负面影响。

当然，在无法改变失败和不幸的厄运时，还要教孩子学会接受它、适应它。任何人遇上厄运,情绪都会受到影响,这时一定要操纵好情绪的"转换器"。面对无法改变的不幸或无能为力的事,让孩子学会转换情绪的方法:比如,仰起头来,对天大喊:"这没有什么了不起,这不可能打败我。"或者面对一棵大树,默默地告诉自己:"忘掉它吧,这一切都会过去的。"还可以将繁忙的工作和学习转换,也可以通过参加有兴趣的活动转换。

有了家长的正面引导,学会转换情绪的适当方法,孩子会逐步改变,慢慢学会控制自己的情绪,自然而然会成为情绪的主人。

管理好自己的时间

> 合理安排时间，就等于节约时间。
> ——培根

人的时间和精力都是有限资源。如果需要花费很长时间才完成一件事，那会损伤人的精力，还消耗了宝贵的时间。所以帮助孩子养成合理安排时间的好习惯，对孩子的身心健康和各方面能力的提高，都会起到事半功倍的作用。

如果总想用完整的时间去做一件事，可能永远一事无成。时间像海滩上的沙粒，要一点一点地抓取，积累到很多的时候才能知道它的分量。当你想做什么事时，不要把"没有时间"作为借口，那样只能平庸一生。学会合理安排时间，管理好自己的时间，才能有所作为。

○ **哈佛男孩教养手札**

在哈佛，教授们时常会提醒学生管理好自己的时间。在人生的道路上，你停步时，有的人却在拼命向前赶；也许当你在站立时，他还在后面不停地追赶；等你回望时，他已经不见踪影。因为他已经跑到你的前面，需要你来追赶他了。所以，你不能停步、要不断地向前，不断地超越别人。父母要教育孩子学会管理时间，因为是否善于管理时间将决定一个人未来的成败。

要想让孩子学会管理时间，首先得让孩子树立良好的时间观念。让孩子认识到时间的重要性。家长可以送孩子一只闹钟，这不仅仅是作为一份礼物，更是将时间观念植入孩子心中，让孩子时刻都能感觉到时间的流逝，从而更加珍惜时间。当他有重要事情要做的时候，让他自己定好闹钟，独立把握自己的时间。可能在孩子最初使用闹钟的时候，会出现"意外"，比如没有掌握好时间耽误事了，或者睡觉没被闹钟叫醒……碰到这些情况，家长千万不能责备孩子，因为你的责备会对他在时间观念的形成造成致命的打击。因此，对待一切"意外"要沉默，让孩子自己体会因自己的小失误造成的后果。我们的目的是在潜移默化当中逐步形成其时间观念，而他在感受自己失误的过程中更易受到教育。

教孩子学会时间管理，还得从小培养他做事有计划，帮助孩子养成良好的作息制度，洗脸多少时间、写作业多少时间、吃饭多少时间等都要完整地制订计划，规定时间。当然，做事有计划不是一天两天能体现出来的，这是一个长期的过程。如果你的孩子一向缺乏时间概念，当他做出了按时作息的事情时，家长一定不要吝啬奖励，因为赞赏和表扬可以激发孩子的积极性，可以帮助他更好地管理时间。

管理时间关键是要让孩子学会充分利用时间，要求孩子尽量少做或是不做没有意义的事情，比如把大部分时间用在看电视、网络游戏中。很多孩子在写作业的问题上，总想着先看电视或者玩够了，再去写作业。这是利用时间最不充分的体现。家长可以在放假前就和他共同分析怎样才能够更充分地利用时间，让孩子在内心深处对自己的行为有个客观理性的认识，最大限度合理分配学习、休息的时间。家长一定要注重细节，任何时候、任何状况都可以教会孩子充分利用好每一分钟，不要浪费时间，做每一件事情都要讲究效率，尤其是学习更要讲究方法，好的方法能起到事半功倍的效果。要启发孩子开动脑筋，做每一件事情都要认真、仔细、讲究方法，追求效率，在最短的时间内将某件事做到最好，这是让孩子学会管理好时间的最重要的手段。应该正视的是：爱玩是每个孩子的天性，孩子在玩中会把时间忘掉，这时，家长就应该给予适当的教育，发现问题及时提醒，不能纵容孩子漠视时间观念的这个坏习惯。

另外，孩子学会利用好零散时间也是管理时间的关键所在。就像故事中提到的爱尔斯金，他用积少成多的方法让无数零散的时间变成了高效的、可利用的。每天的零散时间，往往被孩子忽略了，要告诉他千万不要小看这些零散的时间，把它们积累起来也是个不小的数目。零散时间看似不起眼，但积少成多，每天都能把零散的时间充分利用起来就是一笔不小的收获。零散的时间有长有短，时间长的时候可以让孩子做重要的事情，时间短的时候做次要的事情。

  在帮助孩子学会管理时间的过程中，家长和孩子都能逐步感受到小成功的喜悦。但孩子毕竟还是孩子，有时难免会出现反复，这时就需要家长认真监督和坚持不懈、耐心的帮助，这样才能使孩子得到真正的成长，完完全全掌控自己的时间与人生。

养成井然有序的习惯

> 你若肯花足够的时间去思考,并按照事情的轻重缓急来做计划,那么你的人生会更加多姿多彩。也就使你的生命增添了年岁,使你的日子过得更有意义。让你所有的东西各居其所,也使你事业的每一环节都各适其时。
>
> ——富兰克林

现实生活中,常听很多家长抱怨自己的孩子生活起居没有规律,做事一点条理都没有。对孩子而言,做事无条理的毛病普遍存在,他们从来不关心自己的时间怎么分配才能高效,不去整理自己的学习和生活用品,上学忘记带作业,放学忘记带课本,丢三落四,还没有时间概念。即使爸爸妈妈帮他们将屋子收拾干净,将物品全部"归位",但是不出两天他们的屋子又会乱成一团。这种不讲条理、不讲秩序的坏习惯严重干扰了孩子学习和做事的优先顺序,造成时间的极大浪费。

做事没有相应的规划,缺乏必要的条理,不仅会让孩子的生活和学习变得一团糟,更严重的是,还会让孩子浪费掉珍贵的时间资源,给日后的成长留下很大的隐患。所以从小培养孩子井然有序的习惯非常重要。

○ **哈佛男孩教养手札**

哈佛大学相关调查研究发现，做事不分轻重缓急，无条理，跟家庭生活环境有很大的关系，和家庭教育也有很大的关系。

如果家长做事没有轻重缓急的概念，生活一团糟，经常丢三落四，没有条理性。那么，孩子一般也不会养成做事有条理的好习惯。有些家长溺爱孩子，所有事情都帮孩子打理的井井有条，这种做法会让孩子渐渐生出依赖性，继而养成做事不分先后、缺乏条理的坏习惯。所以家长要从自身开始，改变现有的教育方式。若想让孩子做事有条理，就要从小教育，引导孩子向这方面发展，从小就培养孩子"自己的东西自己整理"的好习惯。这样一来，孩子才会养成做事有条理的习惯。

哈佛大学学者曾经做过一项调查研究，得出一个惊人的结论：爱干家务的孩子和不爱干家务的孩子，成年之后的就业率为 15∶1，犯罪率是 1∶10。另有专家指出，在孩子的成长过程中，家务劳动与孩子的动作技能、认知能力的发展以及责任感的培养有着密不可分的关系。在美国，孩子不论年龄大小，都是重要的家庭成员，父母会告诉孩子，他们在家庭中应该负的责任是很重要的，而承担家务则是最好的方式。

美国的早期教育专家建议：如果你的孩子已经到了可以帮你干一些简单的家务的年龄，就应该帮助孩子养成做家务的良好习惯，做家务可以在很大程度上让孩子养成井然有序的习惯。

对于孩子做家务而言，更多的是指生活处理能力和生活习惯的培养。比如说两到三岁的孩子，可以在家长的指导下，把垃圾扔进垃圾箱，就是所谓的家务。或者请求孩子帮忙拿一些东西；晚上睡觉前，让孩子整理玩具，从哪儿拿的放回哪儿去；稍微大点的孩子，可以整理报纸，餐前摆放餐具，洗自己的小毛巾，整理他的图书玩具……

孩子非常希望自己的劳动能够得到成人的认可和肯定。孩子能妥善分类之后，家长不要忘了适度的赞赏。如果孩子做得不够好，家长可以先表扬后建议，比如说，这次玩具收拾得很好，下次咱们把它们分类摆好就更好了。适度的鼓励才能保证不打击孩子做家务的积极性，让他有做家务的愿望和动力。常做类似家务的孩子长大后他的生活会井井有条，独立能力也会高于

其他孩子。

西方的孩子大都有把自己生活管理得井然有序的习惯。这不仅源于他们独立，更多的是西方的爸爸妈妈们历来很重视培养孩子做事的计划性。比如孩子想在假期去野外游玩，爸爸妈妈不会简单地说"可以"或者"不可以"，他们会询问孩子："你的计划是什么？去什么地方？都需要准备什么东西？路线是怎样的？怎么去？"这些问题能够启发孩子做出比较详细的出游计划，继而将每个步骤都记在心中，在做事情的过程中做到有条不紊，从而节约大量的时间。

日常生活中，家长可以从小事做起，让孩子养成井然有序的习惯，比如周末的时候可以鼓励孩子做一个假期计划，平时给孩子准备一本小台历，让孩子把考试、比赛、外出活动都预先记下来，做好的计划表应该放在容易看到的地方，才能让孩子容易得到提醒。制订计划后，一定要严格执行，不然就会降低孩子对时间规划的重视。等孩子在这些简单的事情上慢慢有了计划性，家长再引导孩子做一些相对比较困难的事情。

对孩子来说，学习和做事之前做计划，是养成井然有序习惯的重中之重。从某种意义上来看，有计划地做事还反映了一个人学习和做事的态度，映射出这个人的时间观念，可以说是孩子现在以及将来获得成功的关键因素。

增强自制力，不成为情绪的奴隶

> 测量一个人力量的大小，应看他的自制力如何。
> ——但丁

自制力是能够控制自己、支配自己并自觉调节自己行为的能力。它表现为既善于促使自己完成应当完成的任务，又善于抑制自己的不良行为。

人的思想是千变万化，喜怒哀乐各种情绪会交替发生。人的情绪同其他一切心理活动一样，与神经系统有关，大脑皮层下的神经过程在情绪的生理基础上起重要作用，这就决定了人必须能够主动控制和调节自己的情绪，用理智来驾驭情绪。

良好、积极的情绪能够成为事业、学习和生活的内驱力，而不良、消极的情绪则会对身心健康、人际交往等具有破坏作用。一个人行为失控是免不了的，关键是如何控制好它，不要让它信马由缰。做行为的主人并不是完全抑制自己，而是要掌控它，让它以合适的方式出现。因而，从小让孩子学会控制自己的情绪，不断把自身情绪提升到有益于个人进步和自我成长的高度，是十分必要的。

控制情绪对于做好事情来说,是多么重要!控制不了自己的情绪,就无法把自己的能力发挥出来,由此而给自己的人生留下遗憾。因此,对于梦想取得非凡成就的人来说,调节自己的情绪是人生的必修课。任何一个有所成就的人,都能够控制自己的情绪,而不是被情绪所控制。

○ 哈佛男孩教养手札

拿破仑·希尔曾对美国各监狱的16万名成年犯人做过一项调查,发现这些不幸的男女犯人之所以沦落到监狱中,有90%的人是因为他缺乏必要的自制。自制力不强,不但给他人和社会造成了伤害,自己也受到惩罚,受到了法律制裁。

哈佛公共政策学教授伊莱恩·凯玛克曾经说过:"做自己感情的奴隶,比做暴君的奴仆更为不幸。"在遇到不如意或者突发事件的时候,孩子的情绪都会表现出不稳定,这是正常的。人类有七情六欲,情绪的控制对成人来说尚且不易,对孩子来说就更难了。事实上,人的情绪变化正如天气的变化一样自然,认识这一点非常重要。在孩子具有某种不良情绪时,家长所能做的就是让孩子学会控制自己的情绪,增强自制力,而不是让情绪驾驭自己的行为。而家长则更不能放任孩子。如果说,盲目发泄情绪是自制力的腐蚀剂,那么,反过来自制力就是征服放任的有力武器。自制力就是尽管你不想做某些事情,但还是尽力去做,不受情绪影响,不被情绪左右。这样你就能做成你想做的事。

如果有悲伤、忧愁、愤怒的事情发生在孩子身上时，家长要帮助孩子转移注意力，避免让他受到刺激。人有消极情绪时，大脑皮层常会出现一个强烈的兴奋灶，如果能有意识地调控大脑的兴奋与抑制过程，将兴奋灶转换为抑制平和状态，则可能保持心理上的平衡，使自己从消极情绪中解脱出来。例如，当孩子苦闷、烦恼时，不要让他再回想苦闷的事，尽量避免烦恼的刺激，有意识地听听音乐、看看电视、翻翻画册等，强迫他转移注意力。这样就可以把消极情绪转移到积极情绪上，淡化乃至忘却烦闷。遇到难解的事，先不要想它，让孩子的情绪有个缓冲期，可以与他漫无边际地畅谈，避免他由此钻牛角尖。情绪平复后，孩子就能心平气和地解决难题，化解心中的矛盾，从而有效地控制了情绪。

俄国著名作家屠格涅夫吵架前，先把舌尖在嘴中转10圈，这就是让人学会理智控制，自我降温。理智控制是指用意志和素养来控制或缓解不良情绪的暴发；自我降温是指努力使激怒的情绪降至平和的抑制状态。就是

说，凡是有理智的人，能及时意识到自己情绪的变化，怒起心头时，马上意识到不对，迅速冷静下来，主动控制自己的情绪，用理智减轻自己的怒气，保持情绪的稳定。在关键时期自我降温，就会避免成为情绪的奴隶。

父母要引导孩子找到合理的发泄方式，在适当的场合，用适当的方式来排解心中的不良情绪，防止不良情绪对人体的危害。比如，悲伤时，可以适当地哭一场。从科学的观点看，哭是一种自我心理保护的措施，它可以释放不良情绪产生的负能量，调节机体的平衡，是解除紧张、烦恼、痛苦的好方法。

遇到烦恼时，还可以向亲朋好友倾诉衷肠。把不愉快的事情隐藏在心中，会增加心理负担。找人倾诉烦恼、诉说衷肠，不仅可以使自己的心情感到舒畅，而且能得到别人的安慰、开导以及解决问题的方法。

心中积压的不良情绪还可以通过运动发泄出来。当一个人情绪低落时，往往不爱动，注意力也就不易被转移，情绪就会越低落，这样就容易形成恶性循环。孩子发生这样的情况时，要硬性地让孩子去参与跑步、打球等体育活动，进而改变不良情绪带给他的负面影响。

孩子能够控制自己的情绪，家长才能更省心。有自制力的孩子更善于控制自己的冲动情绪，做事情更有耐心和毅力，有能力面对各种挑战，自然更容易获得成功。

在任何情况下，都要保持冷静

> 不管发生什么事，都要冷静、沉着。
>
> ——英国小说家　狄更斯

冷静使人聪慧，冷静使人沉着，冷静使人理智稳健，冷静使人有条不紊，冷静使人少犯错误。也许孩子现在的年龄小，我们无法看到冷静沉稳的性格对孩子有怎样的影响。但是当他长大以后，冷静沉稳的性格能带给他的好处数不胜数。在他今后的生活、学习或工作中，多一分冷静，就会多一分思考，就能多一分成功的机会。

在我们的日常生活中，面对他人的挑衅、指责、谩骂、围攻或者冷嘲热讽，我们一定要保持冷静，心静如水，一定要不慌不忙，沉着应对。我们要动之以情、晓之于理。越是气急败坏、暴跳如雷，就越是损伤自己的形象；越是争吵不休、耿耿于怀，就越是大煞了自己的风度。反之，便显示出你的良好形象，显示出你的宽广胸怀，显示出你的人格风范。

○ 哈佛男孩教养手札

冷静对一个人来说，不仅仅是思想修养和性格涵养的体现，而且是工作能力和才华本领的反映。所谓冷静，是指在急躁面前保持清醒，在冲动面前保持平静，在侵害面前保持忍耐，在争斗面前保持宽容，在鼓噪面前保持理智，在恐惧面前保持英勇，在困难面前保持坚定，在胜利面前保持谦逊。大多数情况下，力量并不来自权力，更不来自盲动，而是来自冷静和智慧。正如莎士比亚所说："谁能够在惊愕之中保持冷静，在盛怒之下保持稳定，在激愤之间保持清醒，谁就是真正的英雄。"

　　科学研究表明，安静状态能使由过度紧张、兴奋引起的脑细胞机能紊乱恢复正常，若处于惊慌失措、心烦意乱的状态，你就别指望能用理性思考问题，你也无法根据实际情况做正确的判断，当你平静下来，再看不幸和烦恼时，你也许会觉得它实际上并没有什么了不起，你的困境往往源于自身。对自己和现实有一个全面正确的认识，是在突变面前保持情绪稳定的前提之一，当你处于困境时，要多想想别人能渡过难关，我为什么不能调动自己的潜能去应付呢？

　　男孩在成长过程中或许都会有不够冷静的时候。对于一些性格倔强，脾气大，达不到目的就生气发怒的孩子，家长们常常感到难堪。想帮助孩子改善他的情绪，但又束手无策。对许多孩子来说，当他表现出不良行为时，最为有效的就是采用暂时隔离法，被父母"晾"在一边不加理睬，能很快让孩子冷静下来。这种方法对处理孩子一些冲动性的、难以控制的行为比较安全、有效，不会对孩子产生情感上的伤害。孩子会由此明白自己被孤零零地扔在一处完全是咎由自取，但隔离法也不是适用于所有的不良行为，像不愿做作业、忘记做家务、胆小、害羞、依赖、孤僻等行为，就不宜用暂时隔离法来处理。因为暂时隔离是阻止不良行为，而不是发动良好行为。你可以用它来制止孩子的冲动性、攻击性、破坏性行为，但不能用它来激励孩子做他不乐意做的事情。

要让孩子真正成为一个在任何事情面前都很冷静的人，就要教育孩子学会对自己情绪的控制，学会自我宽容，人世间没有无所不能的人，企求事事精通样样如意，只会增加心理压力而失去内心的平衡。应该先明了自己稳操胜券的事情并集中精力去完成，不要怕失误，成就总是在经历了若干失误后才能获得，不要对别人抱过高期望，希望别人能满足自己的心愿，结果只能是自寻烦恼。

深呼吸可以稳定情绪，它是以减少呼吸次数来调节气息，促使自律的神经活动，减轻心脏的负担，最终使大脑镇定。另外，变换视角也是极其有效的思维方法。人的思维有一个致命的弱点，那就是容易形成定式，也就常常会钻入牛角尖，变换视角可以使思维走出牛角尖，一旦改变了视角去看，就会觉得眼前豁然开朗。再就是要学会找笑料，笑是每个人都能获得的技术，然而也是一种需要我们平时加以培养的技术，通过幽默能使生活中出现的许多致命打击得以减弱，一旦你学会欢笑，那么无论你的处境有多痛苦，你都能挺过来。此外，父母的行为都会影响孩子的心态，如果父母能够从容地处理好难题时，在遇到事情的时候能够平心静气、不带有偏见地去思考、分析，那么孩子在潜意识中就会学习父母做事的方式，这就是我们常说的榜样力量。

当然，家长一定要把握好教育的尺度，千万不要让孩子变成一个冷漠的人。偶尔允许孩子发发脾气，这样能够更加了解孩子的内心想法。尽管我们希望孩子在做事时不慌不忙，能够冷静去对待，但我们也要记得，孩子毕竟是孩子，他有时候无法控制自己的情绪，这时候，请不要责怪孩子，让他尽情发泄，等他发泄完毕，再陪着他一起去面对困难。

在教育的过程中，让孩子拥有一个健康的身体和清晰的头脑，他就能在任何情况下，以冷静、沉稳的心境对待他，从而把所遇到的每一件事情处理得更好。

学会对诱惑说不

> 德行告诉人们：反抗诱惑吧，那样你才有更多的机会做出高尚的行为来。
>
> ——车尔尼雪夫斯基

现代社会生活五彩缤纷，孩子对周围一切充满了好奇，但社会经验、分析判断能力还不够成熟，加之自控能力不强，对网络游戏、不健康书刊、烟酒、金钱、毒品、赌博等种种不良诱惑不能自觉抵制，遭到非法侵害时缺乏抵制力的情况普遍存在。所以，帮助孩子认识不良诱惑的危害，用适当的方法来抵制不良诱惑，帮助他们做出正确的选择，才有利于孩子的健康成长。

○ 哈佛男孩教养手札

在孩子的生活中，有很多诱惑他的"鱼"。年龄小的孩子，看到别人的食物、玩具会有想拥有的欲望，而大点的孩子会遇到更多的来自精神、物质方面的"鱼"。家长应该尽早地让孩子学会对各种诱惑说"不"。

作为家长，首先要让孩子正确认识世间事物，有明辨是非的能力。面对信息多变、文化多元、物质极大丰富的现代社会，男孩眼花缭乱，对周围的一切都充满好奇，任何诱惑都有可能让他们沉迷其中。家长要帮助孩子认识世界事物，什么是正确的，什么是有问题的，哪些做法是符合规则的，哪些行为是违反道德的……他只有具备自己的一个评判标准，才有利于控制自己的行为。

　　让孩子学会对诱惑说"不"，还要从小培养他坚定的意志。认识到某些事应该怎么做时，要坚定自己的意志，不能别人影响自己而有所改变。比如，男孩们喜欢成群结队地去玩。当他们去网吧或是其他危险的不利于自己成长的场所时，当认识到这样的做法不对，应坚定自己的信念，坚决拒绝不为所动。如果受不了别人的干扰，在别人的影响下随波逐流，那就是典型的缺乏自控力的表现。

　　抵制各方面的诱惑，家长还要学会反思。孩子出了问题，应该从家长身上找原因。有些家长比较忙，大部分时间都用于工作、家务和娱乐，很少花时间与儿子耐心沟通。孩子基本的精神需求得不到满足，自然会寻求替代品，于是电视、电脑成了男孩的精神麻醉剂。还有些家长不和儿子交流，也不鼓励儿子交友，没有引导儿子参加有益的体育活动，男孩的精神需要得不到满足，充沛的精力得不到发泄，就会被各种诱惑吸引，一不留神掉进各种诱惑的陷阱。所以，家长要放下架子，与儿子交朋友，多沟通，由他感兴趣的话题谈起，一起讨论理想、未来等话题，增进相互之间的了解和理解，帮助他更健康地成长。

家长可以尝试制定一份双方共同遵守的亲子协议，父母与孩子相互监督，在互相约束的过程中让男孩形成自我管理能力。就双方的学习、生活、劳动，包括看电视、上网等易上瘾的娱乐活动订立协议，对时间、地点、形式等予以规范化。协议生效后，双方都要严格执行，违反规定将受到相应的惩罚。注意目标不要太高，双方承诺的条件要具有可操作性，本着循序渐进的原则，目标由小到大，实现起来要由易到难，根据实际情况进行修改。这种订立协议的方式，充分体现了孩子与家长的平等地位，男孩的个性得到充分认可，容易激发他们的内在要求和自觉行动，帮助他们形成自我约束意识、提升自我管理能力，能够正确面对各种诱惑，使他们更好地适应竞争日益激烈的社会。

第七章
哈佛高情商：
做一个会说话、懂交际的"团队人"

智商影响一时，情商影响一生。在这个世界上，高智商的人很多，但是仅靠高智商取得成功的人很少，很多学者在研究了大量的案例之后，都有一个共同的发现，那就是，智商能够影响一个人的某一阶段，但是情商却能影响一个人的一生。有一家美国著名的咨询公司，重点服务于世界知名企业。它的一项调查曾引起全世界的关注，该公司对全世界188家知名企业的高管进行了情商、智商和工作关系的调查，结果显示，情商对工作的影响是智商的9倍。

没有完美的个人，只有完美的团队

> 谁若认为自己是圣人，是埋没了的天才；谁若与集体脱离，谁的命运就要悲哀。集体什么时候都能提高你，并使你两脚站得稳。
>
> ——奥斯托罗夫斯基

当今，在强调合作的社会生活中，个人的努力融入团队的共同事业中去，才能算是获得成功。客观来说，由于每一个人不可避免地有这样或者那样的缺点，想要干出一番伟大的事业，在社会分工日益精细的今天，是非常困难的，但是，一群有共同理想的人，由于性格或者能力的互补，更容易取得事业上的成功。

苹果公司的成功，不可否认与乔布斯天才的设计及苛刻的要求是分不开的，可是，如果没有库克的坚持，也没有整个运作团队的协同奋斗，恐怕苹果公司也不会取得今天的成就。每一个人都是不完美的，但是，不完美的人，却可以组成完美的团队。就像沙子、水、水泥，本身的作用都是有限的，但是，当它们搅和到一起的时候，就成了世界上最好的混凝土，它们的身影在这个现代化社会无处不在，桥梁、楼房、公路，等等，构成了现代化建筑的基础。

蚂蚁是动物世界里的优秀团队，人类也如此，集团化运作的今天，团队的力量正在发挥着越来越重要的作用，每一个优秀的个人，都是团队中的一分子。每一个人共同的努力，才能造就一个优秀的团队。现代社会正处于知识经济时代，团队精神在竞争中越来越重要，很多工作需要团队合作才能完成。只有能与人合作的人，才能获得生存空间；只有善于合作的人，才能赢得发展。一个懂得合作的孩子成人后会很快适应工作岗位的集体操作，并发挥积极作用，而不懂合作的孩子在生活中会遇到许多麻烦，产生更多困难并且无所适从。

○ **哈佛男孩教养手札**

哈佛历代学子们的成功案例告诉我们一个道理：合作，可以借助他人之力壮大自己，合作是双方的优势互补，并使各自的能力产生成倍放大的效果，从而能创造更大的利益。所谓，金无足赤，人无完人。一个人

的力量是有限的，一个人的成功，30%靠自己，70%靠别人。没有团队合作，成功在今天可能只是一句空话。所以，家长一定要注重培养孩子的团队合作意识，这有利于孩子在学会合作的过程中逐渐克服以自我为中心，养成关心他人、协商合作的行为。在孩子之间营造一种团结、友爱、互助、合作的团队氛围，培养孩子对社会的适应能力。在日常教育中，我们要有意识地为孩子创造合作的环境与氛围。比如有一个妈妈是这样教育孩子的，每天做饭的时候，只要有时间，她就让孩子在一旁帮他洗菜，或者准备佐料。吃饭的时候，妈妈会对孩子说："你看，这么可口的饭菜可不是妈妈一个人做出来的，你也有很大的功劳。"说的孩子心里甜蜜蜜的，这样，既培养了孩子的动手能力，也让他心里有了一种合作意识，因为他知道，每一顿饭菜都是他和妈妈共同完成的。

培养孩子的团队意识，先要让孩子养成关心他人的习惯，因为光想着自己的人，永远不可能有团队意识。从小让孩子养成尊老爱幼的意识，有了关心他人的心理基础，在团队合作上，他才有足够的心理准备；要让孩子学会欣赏别人，发现别人的优点，只有能够欣赏别人的人，才能与别人合作。有一个小男孩学习成绩很好，平时高傲自大，看不上班里的其他人，一向独来独往。他的父母了解到这一情况后，父亲是这样教育他的。在一次班级开元旦晚会的前夕，爸爸问他："王强，你准备了什么节目呢？"孩子说："我没准备什么节目，那有什么意思，他们那水平还能有啥精彩表演？"爸爸什么也没说，等学校元旦晚会的时候，爸爸和孩子一起去了。在回来的路上，爸爸问他："王强，你看节目的时候挺认真的啊，你觉得哪个节目好呢？"孩子说完后爸爸接着问道："为什么好看呢？"然后孩子回答说："他们表演得很逼真，惟妙惟肖的。某某的歌唱得真好，和原唱一样。"爸爸趁机对他说："其实，同学们是多才多艺的，每一个人都有自己的优点，你如果能发现别人的优点，就会觉得同学们都是值得你交往的好伙伴。""你要是和某某合作表演小品的话，应该是很不错的。"孩子听后，仔细想了想，确实是这样的。后来，孩子逐渐喜欢和同学们打成一片了。在学校生活中，让孩子多参加集体活动，比如篮球队、足球队等等，更能培养孩子的团队意识，他会明白，无论多优秀的个人，都不如一个完美的团队更能取得成功。

合作更能展现个人的才华

> 我们知道个人是微弱的,但是我们也知道整体就是力量。
>
> ——马克思

一个人的能力毕竟是有限的,特别是在当今这个开放的社会,只有注重团队合作的人才更容易取得事业上的成功,而一个优秀的团队,更能为每一个成员提供施展才华的舞台。如今社会分工日益精细,单打独斗的时代已经过去,依靠个人的努力,你或许能够有所成就,但是,依靠团队,乐于合作,你不但能展现才华,并且也必将能获得巨大的成功。

合作是展现才华的前提,即使你是天才的舞蹈演员,离开了音乐和灯光你也无会所适从;即使你是天才的电气工程师,离开了那些元器件的制造者,你也将一事无成;即使你是最优秀的飞行员,离开了导航员的引导,你将失去前进的目标。人生莫不如此,在这个强调合作的社会,个人的才华只有放在团队的共同信念中,才能绽放出最美丽的花朵。一个不懂得合作的人,终将一事无成。

○ **哈佛男孩教养手札**

　　让孩子懂得合作，在合作中才能展现自己的才华。有这样一个年轻人，他才华横溢，但是在职场上却事事不顺，原因就是他不懂得合作，结果他的同事联合起来"倒他"，事事和他掣肘，致使他在单位工作处处不顺，这样的例子举不胜举。这就要求我们从小培养孩子的合作意识，让孩子认识到，一个好汉三个帮，合作更能展现个人才华。

　　教育孩子要学会合作，给他讲那些合作成功的例子。美国NBA巨星乔丹在前期打球的时候，一切以自我为中心，尽管他的个人分数很高，但是他的球队却一直没有登上总冠军的宝座。有一天，球队教练让乔丹看比赛录像，乔丹看到，到处是他横冲直撞的拼搏，队友都在为他传球，而球到了他手里，他总是突破投篮，很少传给队友。明白这一点后，乔丹在后来的职业生涯中开始注重与队友合作，该出手的时候出手，不能出手的时候助攻。懂得了合作的重要性以后，乔丹成为整个球队的灵魂，后来带领公牛队多次登上总冠军的宝座。

　　让孩子和别人合作，家长自身也要做好表率，在家庭活动中，要创造协作完成活动的机会，让孩子体验到与人合作的快乐，他才能更乐意与人合作。在家务活上，可以让孩子适当参与，让他管理某项工作或其中的某个环节。比如你在拖地，可以让孩子负责洗拖把，等地拖干净以后，孩子体验到合作所带来的快乐与成就感。在学校，要让孩子多参加团体活动，参加学习兴趣小组，及篮球队、足球队等，让他参与和别人合作的过程中，努力做好，这会让他的才能得到更好的展示，然后，他就会更加努力地去实践。周而复始，他越来越努力，越做越好。当然，教育孩子在团队中展现自己才华的事情有很多，比如在学校运动会参加接力赛，赛场上每个人都要足够努力才能取得好的成绩，又比如拔河比赛中，众人共同努力才有机会获胜。在篮球赛场上，个人充分展现才华的前提是5个人的无缝对接，只有5个人像一个人一样，每个人的才华才能充分展现出来。

信任，结交挚友的黄金法则

> 使一个人值得信任的唯一方法就是信任他。
> ——杰弗逊

哈佛有句名言："彼此信任是良好人际关系的基础。"人与人之间的交往，都是从陌生开始，有的人朋友越来越多，事业越做越大；而有的人始终是一个人，尽管努力拼搏，事业却毫无起色。两者相比，后者比前者缺少的便是信任。信任别人，别人才能信任你，而相互信任，正是做朋友的开始。哈佛对成功人士的一项调查表明，与不相信他人的人相比，信任他人更容易获得成功。

在这个复杂的世界里，让自己简单，也把别人看得简单，这就是一种深层的信任。一杯香茗，你可以品味出信任的醇香；一句忠告，你可以领略到信任的意味。信任亲友是人的天性，而信任他人则是一种美德，在信任的过程中，快乐而全面地认识这个看似复杂的世界。信任他人，是结交挚友的黄金法则，给人以信任，你才能获得别人的信任；给人以信任，你就能收获很多朋友，有了朋友，你就插上了成功的翅膀。

○ **哈佛男孩教养手札**

在如今这个开放的社会，我们会不断结识新朋友，朋友是我们事业成功的助推器。怎样把一个陌生人变成朋友呢，给别人予信任，相信别人，是让对方成为朋友的法宝。社会学家卢曼说："信任是为了简化人与人之间的合作关系。"也就是说信任让人与人之间的关系变得简单。在家庭教育中，我们一定要让孩子做一个值得信任的人，更应该学会信任他人，多交朋友，做一个人脉广的人。在教育孩子的时候，家长要注意以身作则，给孩子做好榜样，不要当着孩子的面说别人不讲信用的事情，也别做当面一套背后一套的事情，因为这些事情如果让孩子看见，他不自觉地就不会再相信别人。

要让孩子相信他人，更要让孩子学会交往，一个不善于和人交往的人，是不会相信别人的。家长在日常的教育中，要让孩子学会和别人交往。第一步，是要让孩子做一个懂礼貌的孩子，和人交往的前提有礼貌。比如，家里来客人了，孩子要懂得让座，认真回答客人的问题，客人走的时候孩

子要说再见等。第二步，让孩子学会尊重别人，尊重别人，别人才能尊重他，这是与人交往的前提。现在很多男孩经常会有一些不尊重他人的行为，比如，喜欢叫别人外号，会围观见到的残疾人，会嘲笑陷入困境的人，看到别人倒霉会幸灾乐祸。出现这种情况的时候，家长要问问孩子为什么这样做，然后要有针对性地指出孩子这样做的坏处，让孩子设身处地地体会到不被尊重的感觉，要让孩子知道，尊重别人是和人交往的前提。第三步，让孩子学会感激别人。要让孩子知道，别人对他的好都不是理所当然的，对他好的人，他只有感激别人，加倍地对别人好，别人才能一直对他好，只有学会感激，孩子的人缘才能越来越好，他的人生之路才能越走越宽敞，朋友才会越来越多。

让孩子相信他人，要从生活中的点滴做起。在生活中，要让孩子做一个诚实守信的人，一个常常撒谎的人是不会相信他人的，孩子也一样。家长在平时的教育中，一定要让孩子做一个诚实的人，诚实的孩子更愿意相信别人。家长要时时注意孩子的言行，发现他有说谎的行为，要认真分析原因，教育他做一个诚实的孩子。家长在对待孩子的事情上，尤其不能说谎，答应孩子的事情一定要做到。比如，答应周末陪孩子出去玩的，到了周末无论有什么事情，都要去陪孩子，不要让孩子认为家长在欺骗他，时间久了，孩子就不再相信父母了。

学会从对方的角度考虑问题

> 你怎样对别人，别人就会怎样对你，这是黄金定律；别人怎样对你，你就怎样对别人，这是白金法则！
>
> ——佚名

学会从对方的角度考虑问题，不仅能使你收获友情，而且能使我们得到理解与尊重。学会换位思考，你才能够更多地理解别人，宽容别人。在生活中，要学会换位思考，与同学发生矛盾时，化干戈为玉帛，重建良好的友谊；当遭遇挫折时，不妨化消极为希望，阳光就会向你微笑。当你学会并做到换位思考的时候，我们会发现原来生活其实很美好，每一天的心情都是很好的。

在这个信息化的时代，我们每一个人都不可避免地要与别人打交道，在人与人交往的过程中，换位思考能让我们更理解和信任朋友，也能让我们更了解和尊重对手；从对方的角度考虑问题，我们才会宽容和体谅别人，才能与他人、与社会、与自然相处得更融洽，也才能更好地体会生活的快乐与美好。换位思考是基本的道德教谕。

○ **哈佛男孩教养手札**

站在对方的立场看问题，心理学上称之为"同理心"。有了同理心，不但可以满足对方的需求，而且很容易达到目的，使社交成功。一次成功的社交活动，一定是双方达成了共识，满足了彼此的心理需求。只有了解对方，从对方角度出发，以对方需求为出发点，才能了解其真实想法，从而对症下药，达到合理沟通，赢得社交的目的。

每个人做事都有自己的目的，只要我们能从别人的角度考虑问题，我们就能掌握他人的想法，从而找到打开他人内心的钥匙，办事就更加容易。学会从对方的角度看问题，会让你在社交中减少许多不必要的烦恼。站在对方的立场看问题，这是社交成功者立身处世的黄金法则。而那些社交失败者的一个重要原因，就是他们从不站在对方的立场上看待问题。

当然，男孩或许不懂得如何去运用这些规则，从而导致他们的社交一塌糊涂。也许他们并不知道，不懂得站在对方的立场上考虑问题，可能因此丧失了许多成功的机会。

男孩的心胸是狭隘还是宽广，是只为自己着想，还是为别人着想，这与父母的教育有很大的关系。几岁到十几岁的孩子，自我意识正在形成，他们的性格也在不断形成之中，这个时期，正是塑造他们性格与人品的关键时期。所以，家长要牢记"播种什么就收获什么"的道理，用自己的行为习惯和教育方法，引导孩子养成换位思考的习惯。

　　首先要让孩子学会体谅别人的感受。如果你的孩子是一个攻击性、竞争性强的男孩，那么，家长更要让他体验到别人的感受。比如他在学校抢别人的玩具、漫画书等，家长就要在家里找个机会重演当时的情境，不同的是，让他体验被抢同学的感受，只有让他体会到被欺负的感觉，他才会体谅别人，从而约束自己的行为。有时，男孩只会盯着别人的缺点看，如果父母不满足他的某些要求或者被老师责备了几句，他就会很难过，当他看不到别人的优点，不能体验别人的感受时，久而久之，他就会变得偏激、狭隘，不懂得去体谅和宽容别人。

　　其次，要让孩子站在对方的角度考虑问题。很多孩子在处理问题和与人交往时，总是满足于自我的立场。考虑到的往往是自己的利益和需要，却很少关心别人的需要和感受，也就是说，他们往往高举别人不理解自己的口号，却没有想着去理解别人。

　　哈佛教授时常对他的学生们说："站在对方的立场上思考问题，这种方法是成功者与失败者的明显差别。"我们都听过一位著名的社交专家讲的故事:一位母亲带着5岁的儿子逛街,她看到的是花花世界、满目琳琅,不明白儿子为什么一直哭。当她蹲下为儿子系鞋带时才惊觉:原来儿子看到的和她看到的完全不同,他看到的只是一条条晃动的腿。

也许,我们和别人的眼光也不在同一个层面,所以不能把自己的思维强加给别人。"站在对方的立场上"想一想,才能理解别人为什么这么做,才能做到善解人意。

有一句广为人知的名言:"你希望别人如何待你,你就应该如何对待别人。"说的就是要人们学会站在别人的角度上思考问题。设身处地地站在他人的立场上想问题,善于了解他人是社交成功的前提。如果交往双方都只为自己着想,期望他人能为我做点什么,而不考虑自己为对方做点什么,那么,这种关系迟早会破裂。健康的人际关系是利益共享、互相帮助的,了解他人,体恤他人是你应该具备的能力。这样做可以激发你对他人的爱、同情和理解,而这些情感是形成所有人际关系的核心。

只要我们站在对方的立场上考虑问题,才能更深切地体会到别人的感受,同样,只有让孩子真正站在别人的角度看问题,他才能真正体会到别人的感受,真正学会体谅别人。

会赞美的人走到哪里都受欢迎

> 感人肺腑的赞美是善良的暖流,能医治心灵和肉体的创伤。
>
> ——罗佐夫

学会赞美别人,恰如其分的赞美能够赢得别人的好感,让我们在一个陌生的环境中能够尽快建立起一定的人脉关系,为我们完成自己的事业奠定基础。一家社会调查机构的一项调查结果显示,能够赞美别人的人,更容易受到来自别人的帮助,事业成功的概率要比那些不会赞美别人的人提高四十个百分点。这就是赞美别人的力量。

从心理学角度来说,人们都渴望得到别人的理解与尊重,而实事求是的赞美,正是对别人某一方面的肯定,能够让别人达到心理上的满足,进而,就会对赞美的人很有好感。仔细想想,在生活中这样的事例有很多,赞美爱人,生活更加甜蜜;赞美朋友,友谊更加深厚;赞美路人,你又多一个朋友。做一个会赞美别人的人,你走到哪里都将是一个受欢迎的人。

美国著名女企业家玛丽凯经理曾说过,世界上有两件东西比金钱更为人们所需——认可与赞美。每一个人,都有自尊心和荣誉感。你真诚地表扬与赞美他,就是对他最好的肯定和承认,并能激发他潜在的才能。记住:打动人最好的方式就是真诚的欣赏和善意的赞许。

○ 哈佛男孩教养手札

美国前总统林肯说,人人都喜欢被称赞。赞美是我们乐观面对生活所不可或缺的,使我们自信、自我肯定的力量源泉,更是人际关系的润滑剂。学会赞美别人,是人际交往的第一步。在哈佛,几乎每一位教授都热衷于赞美学生,因为他们知道,只有这样,学生才会乐于听自己说话。哈佛心理学、哲学教授威廉·詹姆斯曾说过:"人性最深刻的原则就是希望别人对自己加以赏识。"在人际交往中,适当的赞美是对他人价值的肯定,有利于改善人际关系。

创造了微软神话的哈佛学子比尔·盖茨的母亲就懂得赞美对一个孩子成长的重要性,也正是不断地发现和寻找孩子身上的优点并加以赞许,才使她的孩子走向了成功。让孩子从小就学会赞美别人,懂得欣赏别人,有助于提高孩子的情商,在他的人生道路上,就会得到更多人的帮助。

首先,作为家长要学会赞美孩子。赞美孩子,不是让家长说"孩子,你真棒""你真勇敢",等等,而是要赞美孩子的行为。

其次,要让孩子学会欣赏别人。欣赏别人是赞美别人的前提，让孩子发现别人身上的优点。比如接孩子回家的时候，碰到懂礼貌的小朋友，你要适当地赞美，并让孩子学习别人的这种行为。比如，在日常生活中，让孩子学会说感谢的话，对家庭成员也要说，要让他学会说："妈妈，您辛苦了，每天您又要上班还要给我们做饭。""爸爸，您真好，上班那么忙，回来还给我讲故事。"有意识地让孩子说出同学的优点，引导孩子能够说出恰如其分的赞美别人的话。特别是孩子很讨厌一个人的话，你要让孩子仔细说出他讨厌的理由，然后帮助他分析这个同学的所有优缺点，让孩子认识到，任何一个人都有自己的优点，无论他认为多么不好的人，也有值得他学习的地方。这样，孩子的内心就会更宽广，也就更容易发现别人的优点并能恰如其分地赞美别人。

　　让孩子懂得，赞美别人是人际交往的润滑剂，它能消除隔阂，消灭矛盾，能让两个互不相识的人成为朋友，也能让两个互有成见的人成为知己，学会赞美别人，到哪里都会结识新朋友，学会赞美别人，到哪儿都会受到欢迎！

学会倾听——会说的不如会听的

> 要做一个善于辞令的人,只有一种办法,就是学会听人家说话。
>
> ——莫里斯

有句话说得好:人之所以有一个嘴巴两只耳朵,就是要让人明白多听少说的道理。世界上的成功人士,无不是从学会聆听开始,小时候,我们聆听家长的教诲;长大了,我们倾听朋友的忠告;工作了,我们倾听前辈的箴言。人生一路走来,用耳朵听进去的东西,都可以用来指导我们的生活和事业。哈佛培养的社会精英,无不是在倾听别人的时候抓住机遇取得成功的,因为在那个建校将近四百年的校园里,随便一个人,都可能是某一行业的权威;随便一句话,就可能是某人苦思冥想的答案。学会倾听,将让你抓住别人未曾注意到的机会,缩短你走到成功的距离。

从生活实践来说,懂得倾听别人的人,不但是对讲话者的尊重,而且更是借助别人的力量助自己成功。对任何一件事情,每一个人都会有仁者见仁、智者见智的看法,而你只要多听,就能分析比较别人的观点，从而帮自己做出正确的结论。

○ **哈佛男孩教养手札**

　　许多男孩的父母都有这样的困惑：好像儿子的听力不是很好，他总是听不到、听不见父母对他讲话。男孩的听力真有这么差吗？其实，与听话的女孩相比，男孩的听力确实差一些，他们听不到父母的讲话是有原因的：当男孩很专注地做某一件事时，比如在看他最喜欢的动画片时，注意力就全在动画片上，他就会"听不到"父母的讲话。另外，孩子在听到家长的讲话后，都会有一个思考过程，在这个过程中，家长可能会认为孩子没有听到父母讲话。我们知道，男孩子都是有反叛心理的，并且他很喜欢向父母挑衅，尤其是对妈妈更是如此，所以当父母讲的话他不爱听，让他做的事他不愿意做时，他就会装作没有听见。家长明白了男孩的这些特点，教育起来就要容易多了。

　　在人与人的交往中，作为尊重他人的表现，善于倾听是非常重要的。心理学研究表明，越是善于倾听别人意见的人，与他人的关系就越融洽。因为聆听别人说话本身就是对说话者的褒奖，

你能耐心倾听别人的讲话，等于告诉对方，"你是一个值得我听你讲话的人"。家长要做倾听别人讲话的榜样，在日常生活中，当孩子告诉你什么事情的时候，你千万不能打断他说"我知道了"之类的话，因为这样就把孩子要跟你说话的欲望堵住了，等你想要和孩子讲话的时候，孩子也会表现出种种不耐烦。很多时候，男孩在生气、愤怒时向父母倾诉，并不是想让父母帮他解决问题，而是希望父母做一个倾听者，对他的情绪表示认可，这种需要得到满足，就会养成孩子学会倾听的习惯。

教育孩子不要打断别人的话。在孩子讲话的时候，家长要站在孩子的角度想问题，千万不要认为他叙述的事情很简单，没必要浪费时间，继而打断孩子的话，这样会让孩子模仿大人的。要教育孩子，打断别人的讲话是不礼貌的，倾听别人讲话是对讲话者起码的尊重。让孩子学会从别人的讲话中了解事情、了解社会，特别是和同学的交往过程中，认真听人讲话有助于孩子了解同学的真实想法，捕捉到有用信息，这样就能为孩子下一步的行动做准备。

让孩子记住，听永远比说重要，让他从小养成少说多听多思考的习惯，这将成为他一生受用不尽的财富。